普通高等教育高职高专"十三五"规划教材

电气控制与 PLC

朱晓娟 编

中国水利水电出版社
www.waterpub.com.cn
·北京·

内 容 提 要

本教材以三菱公司 FX2N 系列 PLC 为对象，对 PLC 的理论知识与实践技能进行重新构建，采用项目化教学模式，本教材主要内容包括 12 个项目：认识 PLC；三菱 FX系列 PLC 编程元件及基本指令；FX2N 系列 PLC 的基本指令编程；应用基本指令实现电动机点动运行；三相异步电动机单向连续运行控制；三相异步电动机正反转运行控制；交通信号灯控制；三相异步电动机星形启动、三角形运行状态的转换控制；应用触摸屏与 PLC 实现电动机正反转；工件识别控制；机械手运行控制；模拟生产线工件分拣控制。每个项目根据需要由若干任务构成。教材内容安排合理，充分体现了职业特征，可满足学生职业生涯发展需要。

本教材可作为高职高专、成教和中等职业学校等电类专业、机械自动化类专业课程的教材，也可供相关工程技术人员参考。

图书在版编目（ＣＩＰ）数据

电气控制与PLC / 朱晓娟编. -- 北京 ： 中国水利水电出版社，2017.8(2023.8重印)
普通高等教育高职高专"十三五"规划教材
ISBN 978-7-5170-5768-0

Ⅰ．①电… Ⅱ．①朱… Ⅲ．①电气控制－高等职业教育－教材②PLC技术－高等职业教育－教材 Ⅳ.
①TM571.2②TM571.6

中国版本图书馆CIP数据核字(2017)第197835号

书　名	普通高等教育高职高专"十三五"规划教材 **电气控制与 PLC** DIANQI KONGZHI YU PLC
作　者	朱晓娟　编
出版发行	中国水利水电出版社 （北京市海淀区玉渊潭南路 1 号 D 座　100038） 网址：www.waterpub.com.cn E-mail：sales@mwr.gov.cn 电话：(010) 68545888（营销中心）
经　售	北京科水图书销售有限公司 电话：(010) 68545874、63202643 全国各地新华书店和相关出版物销售网点
排　版	中国水利水电出版社微机排版中心
印　刷	清淞永业（天津）印刷有限公司
规　格	184mm×260mm　16 开本　14.75 印张　350 千字
版　次	2017 年 8 月第 1 版　2023 年 8 月第 4 次印刷
印　数	8001—10000 册
定　价	**42.00 元**

前言 QIANYAN

　　本教材以工作任务为引领，以职业能力为导向，按照项目化教学要求编写，力求体现"学中做、做中学"的一体化教学特色。以任务引领的方式，介绍三菱 FX2N 系列 PLC 的基本指令及步进顺控指令的编程思想及方法，同时还把常用低压电器及控制电路、昆仑通态 TPC7062K 触摸屏、常用气动元件及控制回路、各类传感器以及三菱 FR－E740 型变频器、PLC 联合控制等专业知识与实践技术分解到不同的任务中。

　　根据编者多年的教学及指导学生技能竞赛的经验，特别安排教材的项目 1 至项目 3 内容偏重于理论知识及编程仿真软件的应用。旨在让学生先对 PLC 有一个系统的了解，并具备一定编程基础，为后面的实训项目做好准备，避免在一个实训项目中植入过多的相关知识反而使学生无所适从的现象。后面的实训项目进一步巩固、深化、拓展相关的理论知识，体现"从认识到实践、再认识、再实践循环反复"的认知过程。在项目 4 中详细介绍了三菱 PLC 控制实训板的制作，学生可以学习自己制作实训器材，简单实用，效果较好。实训项目的安排，由简单到复杂，衔接合理，循序渐进地培养学生的综合应用能力和实践技术能力，以满足不同专业、不同层次读者的需要。

　　本教材共有 12 个项目，教学时数建议为 120 课时。其中项目 1 为 4 课时，项目 2 为 10 课时，项目 3 为 16 课时，项目 4 至项目 9 分别为 8 课时，项目 10 为 15 课时，项目 11 为 12 课时，项目 12 为 15 课时。

　　本教材可作为高职高专和中等职业学校电类专业、机电一体化类专业课程的教材，也可作为相关工程技术人员参考资料。作为中职教材时可将内容进行适当删减，可着重强化项目 1 至项目 9 的内容。

　　由于编者水平有限，书中不妥之处在所难免，恳请读者批评指正。

编者

2016 年 12 月

目录 MULU

认 识 PLC

课时分配

建议课时：4 课时。

学习目标

（1）了解 PLC 的产生、定义、特点和分类等。

（2）了解 PLC 的基本结构及工作原理。

（3）了解 PLC、继电器-接触器控制的区别。

（4）了解三菱系列 PLC 的基本结构，能分辨 PLC 的面板指示部分、I/O 端口、通信接口等。

任务 1.1 PLC 的产生及定义

可编程控制器（Programmable Controller）简称 PC，而个人计算机（Personal Computer）也简称为 PC，为了区别两者，就将最初主要用于逻辑控制的可编程控制器称为 PLC（Programmable Logic Controller）。本教材也用 PLC 作为可编程控制器的简称。

世界上第一台 PLC 是 20 世纪 80 年代由美国数字电子公司（DEC）研制，美国通用汽车公司（GM）用其取代汽车制造生产线传统的继电器电气控制系统。经过 40 余年发展，PLC 已发展为将自动控制技术、计算机技术和通信技术融为一体的崭新的工业自动化装置，实现了工业控制领域接线逻辑到存储逻辑，逻辑控制到数字控制的飞跃；实现了从单体设备简单控制到运动控制、过程控制及通信控制等复杂控制的进步。PLC 由于功能强大，已成为工业控制领域的主流控制设备。

国际电工委员会（ICE）在 1987 年 2 月颁布的 PLC 标准草案中对 PLC 进行定义：PLC 是一种数字运算操作的电子装置，专门为工业环境下应用而设计，它采用可以编程的存储器，在其内部存储执行逻辑运算、顺序控制、定时、计数和算术等操作指令，并且通过数字式或模拟式的输入/输出（I/O），控制各种类型的机械动作或生产过程。PLC 及其相关的外围设备都应按易于与工业控制系统形成一个整体、易于扩展 PLC 功能的原则设计。

PLC 实质是具有更强灵活性，可以在各种场合工作的通用工业控制计算机。PLC 的出现引起了世界各国的关注。日本于 1971 年引进 PLC 技术，德国于 1973 年引进 PLC 技术。国外许多 PLC 的生产厂家的产品已风行全世界，成为工业控制领域中的著名品牌。其中有美国 Rockwell 自动化公司所属的 A－B（Allen－Bradley）公司、GE－Fanuc 公司、日本的三菱公司和立石公司、德国的西门子（Siemens）公司、法国的 TE（Telemecanique) 公司等。我国于 1974 年开始引进、应用、研制、生产 PLC。最初是在引进设备中大量使用了 PLC。接下来在各种企业的生产设备及产品中不断扩大了 PLC 的应用。目前，我国自己已可以生产中小型 PLC，但暂无较大影响力及市场占有率的产品。

任务 1.2　PLC 的特点及应用

PLC 具有如下特点：

（1）可靠性高，抗干扰能力强。PLC 专为工业环境下应用而设计，PLC 的 I/O 端口可采用继电器或光耦合器件等，即基本 I/O 点均为开关量，同时附加有隔离和抗干扰部件，并带有硬件故障的自检测功能，可靠性极高，平均无故障时间可达到 5 万 h 以上。

（2）体积小，使用方便、灵活。PLC 在制造时采用了大规模集成电路和微处理器，用软件编程替代硬件连线，达到了小型化、便于安装的目的。PLC 的 I/O 端子可直接和外部设备连接，若控制要求有变化，只需修改相应程序即可，外部设备接线不需作较大的修改，易于维护。

（3）通用性好。PLC 设备可以应用于各种场合，各类设备及可以实现各种控制模式。除了逻辑处理功能外，PLC 具有完善的数据运算、处理能力，随着 PLC 通信能力的增强及人机界面技术的发展，使用 PLC 非常容易组成各种控制系统。PLC 与其他工业设备，如变频伺服系统、数控系统、过程控制设备接口连接都十分容易。

（4）编程直观简单。梯形图是 PLC 的第一用户程序，是从继电器控制线路演化过来的编程语言，梯形图语言的图形符号与表达方式和继电器电路图相当接近，易为工程技术人员接受。

PLC 的应用非常广泛，目前，在国内外已广泛应用于钢铁、冶金、化工、轻工、食品、电力、机械、交通运输、汽车制造、建筑、环保、公用事业等各行各业。

伴随着工业以太网、现场总线等通信技术的不断进步，PLC 也重点发展了网络通信能力。从网络的发展情况来看，PLC 和其他工业控制计算机组网构成大型的控制系统是 PLC 技术的发展方向，目前的计算机集散控制系统（Distributed Control System）及现场总线控制系统中已有大量的 PLC 应用。伴随着计算机网络的进一步发展，PLC 作为自动化控制网络或国际通用网络的重要的组成部分，将在机械制造、石油化工、冶金钢铁、汽车、轻工业等领域的大型工业系统中发挥越来越大的作用。

任务 1.3　PLC 与传统的工业控制装置比较

传统的工业控制设备主要是以继电器、接触器为主体的电气控制装置。继电器、接触器结构原理如图 1.1 所示，由励磁线圈、触点等部件组成。触点的接通或断开由励磁线圈通电与否控制。励磁线圈失电时为断开状态的触点称为常开触点，为闭合状态的即为常闭触点，一只接触器或继电器可有多对常开、常闭触点。由于衔铁在磁力作用的吸合动作，使得励磁线圈通电时，常开触点闭合，常闭触点断开。而励磁线圈失电时，常开触点断开，常闭触点闭合。通过继电器、接触器及其他控制元件的线路连接，可以对电路实现一定的控制逻辑。以三相异步电动机单向运转的电路和交流异步电动机正反转电路为例了解传统控制原理。

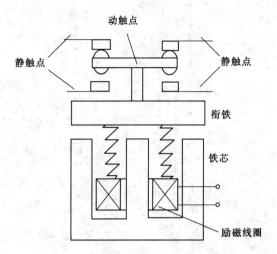

图 1.1 电磁式继电器结构原理图

图 1.2 是三相异步电动机单向连续运行控制电路。其控制原理为：当按下 SB2 时，KM1 线圈得电，KM1 的常开主触点闭合，电机运行。并联在 SB2 触点上的 KM1 常开辅助触点闭合，起自保持作用，使 KM 线圈及常开触点在 SB2 松开后仍能保持接通状态，电机保持运行。当 SB1 按下时，KM 线圈失电，KM1 的常开主触点断开，KM1 常开辅助触点断开，自保持断开，电机停转。接触器 KM 的常开主触点控制电动机电源的通断。图 1.3 是三相异步电动机正反转运行控制电路，其中接触器及按钮器件的数量较多，电路连接比图 1.2 复杂，工作原理请大家自行思考。

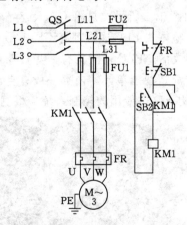

图 1.2 三相异步电动机单向连续运行控制电路

随着工业自动化程度的不断提高，若使用继电器接触器电路构成复杂工业控制系统则需要大量各种各样的继电器，连接成千上万根导线。只要有一个电器、一根导线出现故障，就会使系统不能正常工作，所以接线逻辑系统的可靠性较低，维修及改造非常麻烦。PLC 作为一种以存储逻辑代替接线逻辑的新型工业控制设备，其最显著的优点是能够避

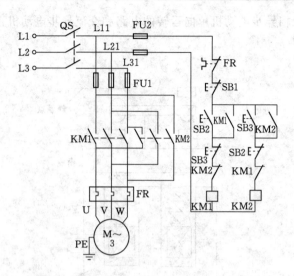

图 1.3 三相异步电动机正反转运行控制电路

免传统的工业控制装置复杂的接线及低可靠性。

任务 1.4 PLC 的 分 类

1.4.1 按结构类型分类

PLC 是专门为工业生产环境设计的。为了便于在工业现场安装,便于扩展,方便接线,其结构与普通计算机有很大区别,通常可有整体式、模块式两种结构。

1. 整体式

整体式又称为单元式,如图 1.4 所示,是将 CPU、存储器、I/O 接口、通信、电源等都装配在一起的整体装置。整体式 PLC 通常都有不同 I/O 点数的基本单元及扩展单元,单元的品种越多,其配置就越灵活。PLC 还配备有一些特殊功能单元,如高速计数单元、位控单元、温控单元等,通常都是智能单元,内部一般有自己专用的 CPU,它们可以和基本单元的 CPU 协同工作,构成一些专用的控制系统。根据构成扩展系统情况,整体式

图 1.4 整体式 PLC

PLC 也称为基本单元加扩展型 PLC。它的特点是结构紧凑、体积小、成本低、安装方便。PLC 中的小型机一般多是整体式。

2. 模块式

模块式又称为积木式，如图 1.5 所示。这种结构的特点是把 PLC 的每个工作单元都制成独立的模块，如 CPU 模块、I/O 模块、电源模块、通信模块等。模块式 PLC 由母板（或框架）以及各种模块组成。把这些模块按控制系统需要选取后，安插到母板上，就构成了一个完整的 PLC 系统。这种结构的 PLC 的特点是系统构成非常灵活，安装、扩展、维修都很方便。PLC 大、中型机一般为模块式。

图 1.5　模块式 PLC

1.4.2　按 I/O 点数分类

为了适应不同控制规模的应用要求，PLC 可控制的最大 I/O 点数常常设计成不一样的。一般将一路信号叫做一个点，将输入点和输出点数的总和称为机器的点数。PLC 可控制的最大 I/O 点数与 I/O 存储单元数量，程序存储器容量及扫描速度有关。因而可以按照点数划分 PLC 的类型。根据点数多少将 PLC 分为五种类型，见表 1.1。随着 PLC 的不断发展，划分标准并不是一成不变的。

表 1.1　　　　　　　　　　　　PLC 按 点 数 分 类

类型	超小型机	小型机	中型机	大型机	超大型机
点数	64 点以下	64～256 点	256～1024 点	1024～8192 点	8192 点以上

1.4.3　按功能分类

PLC 按功能可分为低档机、中档机及高档机。

（1）低档机以逻辑运算为主，具有计时、计数、移位以及自诊断、监控等功能。

（2）中档机除具有低档 PLC 的功能外，还具有较强的模拟量 I/O、算术运算、数据传送和比较、数制转换、远程 I/O、子程序、通信联网、中断控制、PID 调节功能，可用于复杂的逻辑运算及闭环控制场合。

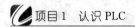

（3）高档机除具有中档 PLC 的功能外，还具有更强的数字处理能力，可进行矩阵运算、函数运算，可完成数据管理工作，有很强的通信能力，可以和其他计算机构成分布式生产过程综合控制管理系统，实现工厂自动化。一般大型、超大型机都是高档机。

任务 1.5　PLC 的基本结构及工作原理

1.5.1　PLC 的结构

PLC 外观各异，类型繁多，但作为工业控制计算机，其硬件结构都大体相同，主要由中央处理器（CPU）、存储器（RAM、ROM）、I/O 接口、电源及外部设备接口和扩展接口等几大部分组成。PLC 的基本组成如图 1.6 所示。

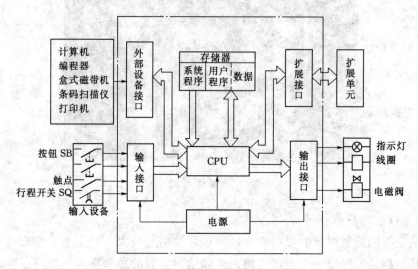

图 1.6　PLC 的基本结构

1. 中央处理器

中央处理单元是 PLC 的核心，主要采用通用微处理器（如 8080 等）、单片机（如 8031 等）和片式微处理器（如 AM900 等）三种类型。它执行系统程序及用户程序，完成逻辑运算、数学运算、协调系统内部各部分工作、产生各种控制信号，实现 PLC 内部及外部的控制。一般说来，CPU 的位数及运算能力越强，PLC 的功能越强。现在常见的 PLC 多为 16 位。

2. 存储器

PLC 配有系统程序存储器和用户存储器，是用于存放系统程序、用户程序及运算数据的部件。程序存储器用于存放 PLC 内部系统的管理程序，用户存储器用于存放用户编制的控制程序。PLC 是为熟悉继电器-接触器系统的工程技术人员使用设计的，PLC 存储器数据单元多以继电器命名，如输入继电器、输出继电器、辅助继电器、计数器、定时器等，并认为它们具有线圈及无数多对常开常闭触点。每个继电器（存储单元）都有不同的地址编号。

3.I/O 接口

I/O 接口是连接 PLC 主机与现场设备的桥梁。通过 I/O 接口可将各种开关、按钮、传感器等直接接到 PLC 的输入端,将各种执行机构如接触器线圈等直接接到 PLC 的输出端。由于 PLC 在工业生产现场工作,对 I/O 接口有两个主要的要求:①有良好的抗干扰能力;②能满足工业现场各类信号的匹配要求。I/O 接口中采用光耦合器、光敏晶闸管、小型继电器等器件隔离 PLC 的内部电路和外部 I/O 电路,防止干扰,提高 PLC 工作的可靠性。

PLC 输出电路的三种主要形式有:继电器输出、晶体管输出、晶闸管输出。

(1) 继电器输出,可用于驱动直流或低频交流负载。其优点是电压范围宽,导通压降小,价格低;缺点是触点寿命短,易产生干扰,响应速度慢。继电器输出电路如图 1.7 所示。

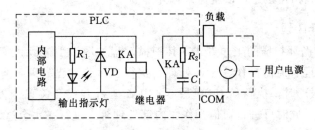

图 1.7　继电器输出电路

(2) 晶体管输出,可驱动 36V 以下的直流负载。优点是寿命长、可靠性高、无噪声、响应速度快;缺点是过载能力差,价格高。晶体管输出电路如图 1.8 所示。

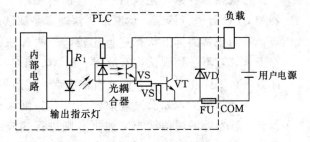

图 1.8　晶体管输出电路

(3) 晶闸管输出,一般采用三端双向晶闸管。优点是耐压较高,带负载能力强,可驱动高频较大功率交流负载;缺点是过载能力差,价格高。晶闸管输出电路如图 1.9 所示。

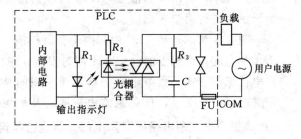

图 1.9　晶闸管输出电路

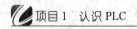

4. 电源及外部设备接口和扩展接口

通信接口用于 PLC 与外部设备之间的数据交换。外部设备可以有编程设备、人机界面（如图形及文字单元、触摸屏及打印、显示装置）、系统中的其他计算机或智能设备等。PLC 的通信接口形式多样，有 USB、RS-232、RS-422/RS-485 中的一种或数种。

另外，PLC 还带有扩展接口用于系统的扩展。可连接 I/O 扩展单元、A-D 模块、D-A 模块和温度控制模块等。

5. 电源

PLC 的供电电源一般为 AC220V，也可采用 DC 24V。其对电源稳定度要求不高，一般允许在 ±(10％～15％) 的范围内波动。PLC 内部为 CPU、存储器、I/O 接口等内部电路配备了直流开关稳压电源，一般也为外部开关量输入（触点）信号提供 24V 直流电源。I/O 回路的电源一般相互独立，以避免来自外部的干扰。

1.5.2 PLC 的工作原理

PLC 采用周期循环扫描的工作方式，其扫描过程如图 1.10 所示。这个过程一般包括五个阶段：内部处理、通信操作、输入处理、执行程序、输出处理。当 PLC 运行方式开关置于运行（RUN）时，执行所有阶段；当 PLC 运行方式开关置于停止（STOP）时，不执行后三个阶段，此时可进行通信操作、内部处理等。进行一次全过程扫描所需的时间称为扫描周期。在整个运行期间，PLC 的 CPU 以一定的扫描速度重复执行上述五个阶段。一般以执行 1000 步指令所需的时间来衡量，单位为 ms/1000 步。也有以执行一步指令时间计，单位为 μs/步。

图 1.10 PLC 扫描过程

每次扫描开始，先执行一次自诊断程序，对各 I/O 点、存储器和 CPU 等进行诊断，诊断的方法通常是测试出各部分的当前状态，并与正常的标准状态进行比较，若两者一致，说明各部分工作正常，若不一致则认为有故障。此时，PLC 立即启动关机程序，保留现行工作状态，并关断所有输出点，然后停机。

诊断结束后，如没发现故障，PLC 将继续往下扫描，检查是否有编程器等的通信请求。如果有则进行相应的处理，比如，接受编程器发来的命令，把要显示的状态数据、出错信息送给编程器显示等。

处理完通信后，PLC 继续往下扫描，输入现场信息，顺序执行用户程序，输出控制信号，完成一个扫描周期。然后又从自诊断开始，进行第二轮扫描。

需要注意的是在 PLC 中，由于分时扫描，同一个器件的线圈工作和它的各个触点的动作并不同时发生。也即是说 PLC 采用的是串行工作方式。而继电接触器系统采用的是并行工作方式，对于继电器电路来说，如果忽略电磁滞后及机械滞后，同一个继电器的所有触点的动作和它的线圈通电或断电是同时发生的。前边已提到过，继电器电路图是用低压电器的接线表达逻辑控制关系的，PLC 则使用梯形图表达逻辑控制关系。在简单逻辑控制中，继电器电路图与梯形图的结构非常相似。但是继电器电路和 PLC 在运行时序上却有着根本的差别。

PLC 在工业上应用的基本方式可以这样来表述：①像其他的电器控制器一样，PLC 必须要有输入、输出部分即接入控制系统电路，与传感器、主令电器（如开关、按钮等）、执行电器（如接触器线圈、电磁阀等）、通信设备及其他需用的控制设备连接成一体；②硬件连接后还需根据控制要求编制相应程序，表达 PLC 输入与输出间的关系，这样就将整个控制系统中的事件联系在一起了。采集输入信号，运行编制的控制程序，根据输出的结果驱动执行元件。图 1.11 是 PLC 的等效电路，图中将 PLC 的工业控制系统分成了输入部分、输出部分及控制部分，图中的虚线框代表 PLC，输入及输出接口接着输入或输出器件。框的中心是控制部分即 PLC 的应用程序。

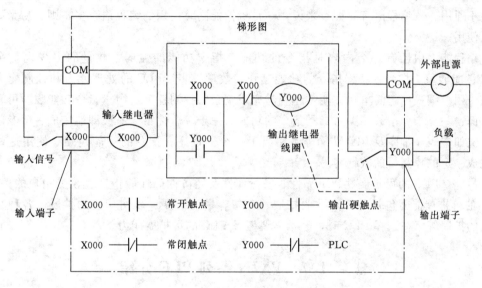

图 1.11　PLC 的等效电路

任务 1.6　PLC 的主要性能指标

1.6.1　存储容量

存储容量是指用户程序存储器的容量。用户程序存储器的容量大，可以编制出复杂的程序。一般来说，小型 PLC 的用户存储器容量为几千字，而大型机的用户存储器容量为几万字。PLC 存储器的容量，通常以"步"为单位表示，以三菱 PLC 为例，一步为 4 个字节（4B），大约是一条基本逻辑运算指令所占的存储容量。小型 PLC 存储器一般为 2000~8000 步。中型 PLC 可达 8000~20000 步，大型 PLC 可达到 2 万~25 万步。

1.6.2　I/O 点数

I/O 点数是衡量 PLC 性能的重要指标，是 PLC 可以接受的输入信号和输出信号的总和。I/O 点数越多，外部可接的输入设备和输出设备就越多，控制规模就越大。

1.6.3 扫描速度

扫描速度是指 PLC 执行用户程序的速度，是衡量 PLC 性能的重要指标。一般以扫描 1000 字用户程序所需的时间来衡量扫描速度，通常以 ms/1000 字为单位。PLC 用户手册一般给出执行各条指令所用的时间，可以通过比较各种 PLC 执行相同操作所用的时间来衡量扫描速度的快慢。近年来，随着计算机芯片的不断升级，运算速度不断提高，PLC 的扫描速度有了很大的提升。以三菱 PLC 为例，F-60MR 型机执行基本指令的时间为 $12\mu s$，FX3u-64MR 型机执行基本指令的时间为 $0.065\mu s$，提高了近 200 倍。

1.6.4 编程语言及指令功能

不同厂家的 PLC 编程语言不同且互不兼容，即使同为梯形图语言，或同为指令表语言也不通用。从编程语言的种类来说，一台机器能同时使用的编程语言多，则容易为更多的人使用。

编程能力中还有一个内容是指令的功能。指令功能的强弱、数量的多少也是衡量 PLC 性能的重要指标。编程指令的功能越强、数量越多，PLC 的处理能力和控制能力也越强，用户编程也越简单和方便，越容易完成复杂的控制任务。衡量指令功能强弱可看两个方面：一是指令条数多少；二是指令的功能。一条综合性指令一般即能完成一项专门操作。例如查表、排序及 PID 功能等，相当于一个子程序。指令的功能越强，使用这些指令完成一定的控制目的就越容易。

另外，PLC 的可扩展性、可靠性、易操作性及经济性等性能指标也较受用户的关注。PLC 的可扩展能力包括 I/O 点数的扩展、存储容量的扩展、联网功能的扩展、各种功能模块的扩展等。在选择 PLC 时，经常需要考虑 PLC 的可扩展能力。

任务 1.7　FX2N 系列 PLC 介绍

FX2N 系列 PLC 的外部结构主要由三部分组成，分别为 I/O 接线端子部分、面板指示部分、接口部分（图 1.12～图 1.14）。

（1）I/O 接线端子部分。I/O 接线端子部分也是 PLC 的外部接线部分，包括 PLC 电源（火线 L、零线 N）端子、输入用直流电源（+24V，COM）端子、输入端子 X、输出端子 Y 和接地端子等。输入、输出端子配置比例为 1:1。

（2）面板指示部分。指示部分包括各 I/O 端子的状态指示、机器电源指示（POWER）、机器运行状态指示（RUN）、用户程序存储器后备电池指示（BATT.V）、程序错误指示（PROG-E）以及 CPU 出错指示灯（CPU-E）等，用于反映 I/O 端子和机器状态。

（3）接口部分。FX2N 系列 PLC 有多个接口，主要包括编程器接口、存储器接口、扩展接口、特殊功能模块接口等。另外还设置了一个 PLC 运行模式转换开关。它有 RUN 和 STOP 两个位置：RUN 使 PLC 处于运行状态（RUN 指示灯亮）；STOP 使 PLC 处于停止状态。在 PLC 处于停止状态时，可进行用户程序的录入、编辑和修改。

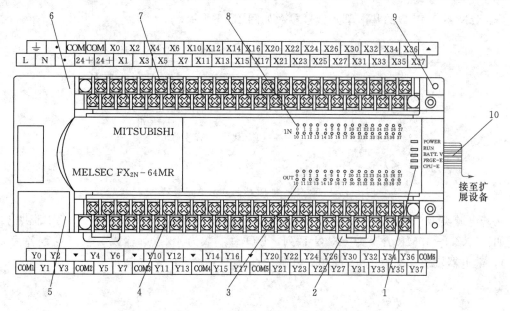

图 1.12　FX2N 系列 PLC 组成

1—动作指示灯；2—DIN 导轨装卸卡子；3—输出动作指示灯；4—输出端子；5—外围设备接线插座盖板；

6—面板盖；7—电源、辅助电源、输入端子；8—输入指示灯；9—安装孔（4-f4.5）；

10—扩展设备接线插座板

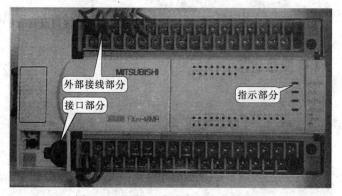

图 1.13　FX2N 系列 PLC 实物外观图

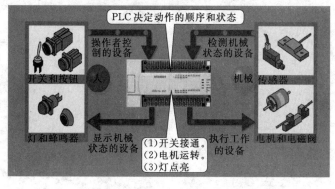

图 1.14　FX2N 系列 PLC 控制系统

11

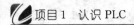

FX2N 系列 PLC 的基本单元型号参数如图 1.15 所示。

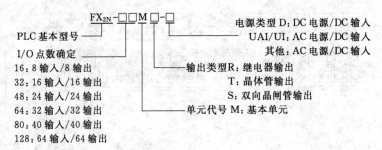

图 1.15　FX2N 系列 PLC 的基本单元型号参数

　　若电源类型一项无符号，通常指交流 100V/220V 电源、直流 24V 输入（内部供电）。例如：FX2N-48MR 含义为 FX2N 系列，I/O 总点数为 48 点（输入、输出点数各为 24 点），继电器输出，交流 100V/220V 电源，直流 24V 输入的基本单元。

三菱 FX 系列 PLC 编程元件及基本指令

课时分配

建议课时：10课时。

学习目标

(1) 了解 FX2N 系列 PLC 编程元件。

(2) 掌握 FX2N 系列 PLC 基本编程指令。

(3) 了解 FX2N 系列 PLC 梯形图的编制规则及方法。

任务 2.1 FX2N 系列 PLC 编程元件的分类及编号

PLC 的编程元件是指 PLC 内部设置的具有各种功能并且代表控制过程中各种事物的内部元器件。所谓编程元件从物理实质上来说就是计算机的存储单元。考虑到电气工程技术人员的习惯，仍沿用继电器命名，称为输入继电器、输出继电器、辅助（中间）继电器、定时器、计时器等。它们的物理属性为"软继电器"。通常，X 代表输入继电器，Y 代表输出继电器，M 代表辅助继电器，T 代表定时器，C 代表计数器，S 代表状态寄存器，D 代表数据寄存器等。

在 PLC 中，编程元件具有不同的使用功能，且数量巨大。为了区分它们的功能，需要给元件编号码，号码也即是计算机存储单元的地址。FX2N 系列 PLC 编程元件可以分为位元件和字元件。位元件在存储器中只占一位，一个字元件可包括 16 个位元件。输入继电器、输出继电器、辅助继电器、状态寄存器都是位元件。数据寄存器是字元件，一个字 16 位，用于存储数字数据。定时器及计数器是位复合元件，具有一个控制位及两个设定值数据区（16 位或 32 位）。

"软继电器"和继电器的功能类似，像在继电器电路中一样使用它们。具有线圈和常开、常闭触点，而且触点的状态由线圈控制，即当线圈接通得电时，常开触点闭合，常闭触点断开，当线圈断开失电时，常闭触点接通，常开触点断开。编程元件作为计算机的存储单元，它们与真实继电器肯定是有差别的，某个元件被选中（启动），只是代表这个元件的存储位置 1，失去选中条件只是这个存储位置 0。由于存储器的状态可以无限次访问，位元件可认为有无数多个常开、常闭触点。

2.1.1 输入继电器（X）

输入继电器是 PLC 接收外部信号的窗口，即通过输入继电器将外部输入信号状态读入输入映像寄存器中。输入继电器只能由机外信号驱动，不能由程序内部指令来驱动。输入继电器的线圈在梯形图中并不出现。梯形图中只出现输入继电器的常开、常闭触点。它们的工作对象是其他编程元件的线圈。输入继电器的触点数在编程时没有限制，即可有无数对常开（动合）和常闭（动断）触点供编程使用。

FX 系列 PLC 的输入继电器以八进制进行编号，FX2N 系列 PLC 输入继电器的编号范围为 X000～X267（184 点）。例如 X000～X007、X010～X017、X020～X027 等。

2.1.2　输出继电器（Y）

输出继电器可以驱动外部负载或执行元件。输出继电器的线圈只能由程序驱动。输出继电器是 PLC 中唯一具有外部触点的继电器。当线圈接通后，其状态传送给输出端口，再由输出端口对应的外部触点驱动外部执行元件。但是同一程序中不允许双线圈输出，即每个输出继电器的线圈只能使用一次。输出继电器也有无数对内部常开、常闭触点供编程使用。

FX 系列 PLC 的输出继电器也是以八进制进行编号，FX2N 系列 PLC 输出继电器的编号范围为 Y000～Y267（184 点）。采用八进制编号，例如 Y000～Y007、Y010～Y017、Y020～Y027 等。

2.1.3　辅助继电器（M）

辅助继电器也称中间继电器，它没有向外的任何联系，只供内部编程使用。它的动合与动断触点同样在 PLC 内部编程时可无限次使用，但其线圈在一个程序中只能使用一次。

辅助继电器分为以下三种类型，采用十进制编号。

（1）通用型辅助继电器 M0～M499（500 点），其功能类似于传统继电器电路中的中间继电器，辅助继电器的线圈只能由程序驱动，不能直接驱动外部负载，只供内部编程使用。

（2）掉电保持辅助继电器 M500～1023（524 点）及 M1024～M3071（2048 点），掉电保持是指失去外部电源后，由 PLC 内部电池为部分存储单元供电，可以保持（记忆）它们在掉电前的状态。其中 M1024～M3071 为固定停电保持区域，M500～1023 出厂时设定为停电保持区域。用户可通过专用的编程软件在 M0～M499 及 M500～1023 区域中自由设定停电保持区。

（3）特殊辅助继电器 M8000～M8255（256 点），具有特定功能。根据使用方式可以分为以下两类。

1）触点型特殊辅助继电器。其线圈由 PLC 自行驱动，用户只能利用其触点。这类特殊辅助继电器常用作时基、状态标志或专用控制元件出现在程序中。常用的有：①M8000——运行监视，PLC 运行时接通；②M8002——初始化脉冲，仅在运行开始瞬间接通一个 PLC 扫描周期；③M8011～M8014——时钟脉冲序列，分别是 10ms、100ms、1s 和 1min 的时钟脉冲序列。

2）线圈型特殊辅助继电器。这类继电器由用户程序驱动线圈后，PLC 作特定动作。例如：①M8030——锂电池电压指示，当锂电池电压跌落时接通；②M8033——PLC 停止时输出保持；③M8034——禁止输出；④M8039——定时扫描。

2.1.4　定时器（T）

PLC 中的定时器（T）相当于继电器-接触器控制系统中的通电型时间继电器，主要用于定时控制。它可以提供无限对常开和常闭延时触点。FX2N 系列 PLC 中定时器可分为通用型定时器、积算型定时器两种。定时器是通过对一定周期的时钟脉冲进行累计而实现定时的，时钟脉冲周期有 1ms、10ms、100ms 三种，当所计数达到设定值时触点动作。设定值可用常数 K 或数据寄存器 D 的内容来设置（表 2.1）。

表 2.1　　　　　　　　　　　　　　FX2N 的 定 时 器

类　型	时　基	地　址	定时范围
通用型	100ms	200（T0～T199）	0.1～3276.7s
	10ms	46（T200～T245）	0.01～327.67s
积算型	1ms	4（T246～T249）	0.001～32.767s
	100ms	6（T250～T255）	0.1～3276.7s

（1）通用型定时器（图 2.1）：①100ms 通用定时器（T0～T199）共 200 点；②10ms 通用定时器（T200～T245）共 46 点。

（2）积算型定时器（图 2.2）：①1ms 积算定时器（T246～T249）共 4 点；②10ms 积算定时器（T250～T255）共 6 点。

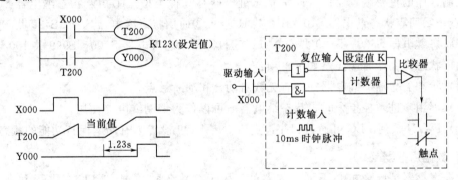

图 2.1　通用型定时器

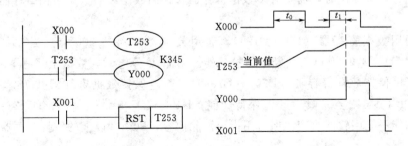

图 2.2　积算型定时器

2.1.5　计数器（C）

计数器主要用于计数控制，FX2N 系列 PLC 的计数器分为内部计数器和高速计数器，见表 2.2。

利用参数设定，非掉电保持型可变为掉电保持型，掉电保持型可变为非掉电保持型。

（1）内部计数器：①16 位增计数器（C0～C199）共 200 点；②32 位增/减计数器

（C200～C234）共有 35 点，其中 C200～C219（共 20 点）为通用型，C220～C234（共 15 点）为断电保持型。

表 2.2   FX2N 的 计 数 器

类 型	地 址	计 数 范 围
16 位通用型	100（C0～C99）	1～32767
16 位掉电保持型	100（C100～C199）	
32 位通用双向型	20（C200～C219）	
32 位掉电保持双向型	15（C220～C234）	−2147483648～＋2147483647
高速计数器	21（C235～C255）	

（2）高速计数器（C235～C255）：①单相单计数输入高速计数器（C235～C245）；②单相双计数输入高速计数器（C246～C250）；③双相高速计数器（C251～C255）。

2.1.6 状态寄存器（S）

状态寄存器用来记录系统运行中的状态，可与步进顺控指令 STL 配合使用，是编制顺序控制程序的重要编程元件。通常状态继电器有五种类型：①初始状态继电器 S0～S9 共 10 点；②回零状态继电器 S10～S19 共 10 点；③通用状态继电器 S20～S499 共 480 点；④保持状态继电器 S500～S899 共 400 点；⑤报警用状态继电器 S900～S999 共 100 点。

使用状态寄存器时应注意如下事项：

（1）状态器与辅助继电器一样有无数对动合和动断触点。

（2）不用步进顺控指令时，状态继电器 S 可以作为辅助继电器使用。

（3）FX2N 系列 PLC 可通过程序设定将 S0～S499 设置为有断电保持功能的状态器。

2.1.7 数据寄存器（D）

数据寄存器是计算机必不可少的器件，用于存放各种数据。PLC 在进行 I/O 处理、模拟量控制、位置控制时，需要许多数据寄存器来存储数据和参数。数据寄存器有以下几种类型：

（1）通用数据寄存器（D0～D199）。通用数据寄存器共 200 点。当 M8033 为 ON（OFF）时，D0～D199 有（无）断电保护功能。当 PLC 停电时，数据全部清零。

（2）断电保持数据寄存器（D200～D7999）。断电保持数据寄存器共 7800 点，其中 D200～D511（共 312 点）具有断电保持功能；D490～D509 供通信用；D512～D7999 的断电保持功能不能用软件改变，但可用指令清除内容；D1000 以上的数据寄存器可以设定为文件寄存器。

（3）特殊数据寄存器（D8000～D8255）。特殊数据寄存器共 256 点，它的作用是用来监控 PLC 的运行状态，如扫描时间、电池电压等。未加定义的特殊数据寄存器，用户不能使用。

（4）变址寄存器（V/Z）。PLC 有 V0～V7 和 Z0～Z7 共 16 个变址寄存器。变址寄存器是一种特殊用途的数据寄存器，用于改变元件的编号（变址）。变址寄存器可以像其他数据寄存器一样进行读写。

（5）指针 P、I。指针用于分支与中断。分支用的执政（P）用于指定 FNC00(CJ) 条件跳转或 FNC01(CALL) 子程序的跳转目标。中断用的指针（I）用于指定输入中断、定时中断和计数器中断的中断程序。

（6）常数 K、H。数据寄存器与变址寄存器可用于定时器与计数器的设定值的间接指定和应用指令中。

在 PLC 所使用的各种各样的数值中，K 表示 10 进制整数值，且表示 16 进制数值。它们备用作定时器与计数器的设定值与当前值，或应用指令的操作数。

任务 2.2　FX2N 系列 PLC 基本指令

2.2.1　指令分类及组成

1. 指令分类

（1）FX 系列 PLC 共有基本指令 27 条（逻辑控制、顺序控制）。所谓的基本指令就是逻辑指令，也就是我们常说的步序控制指令，也是 PLC 的原始指令，PLC 最初是以代替继电器控制所开发出来的指令。

（2）FX2N 系列 PLC 有步进指令 2 条（顺序控制）。

（3）FX 系列 PLC 有功能指令一百多条。功能指令就是基本指令扩展出来，满足更多功能需要的指令：MOV、CJ、CMP、ZCP、ADD、SUB、INC、DEC、ROR、FTR、SFTL、ZRST、IST、ALT 等。

2. 指令组成

PLC 指令的组成：操作码、操作数。

（1）操作码：用助记符表示，用来表明要执行的功能（如 LD 表示取、OR 表示或等）。

（2）操作数：用来表示操作的对象。操作数一般是由标识符和参数组成。标识符表示操作数的类别，参数表明操作数的地址或设定一个预制值。

如：LD X000。LD 为指令（操作码）。X000 为编程元件（操作数）。X 为标识符；0 为参数。

3. 三菱 FX2N 系列 PLC

三菱 FX2N 系列 PLC 有 27 条基本指令：

（1）LD/LDI/OUT：触点及线圈输出指令。

（2）AND/ANI：触点的串联指令。

（3）OR/ORI：触点的并联指令。

（4）ORB：串联电路的并联指令。

（5）ANB：并联电路的串联指令。

（6）SET/RST：线圈的置位与复位指令。

（7）MPS/MRD/MPP：进栈，读栈，出栈。

（8）LDP/LDF/ANDP/ANDF/ORP/ORF：脉冲上升沿，下降沿检出的触点指令。

（9）MC/MCR：主控与主控复位指令。

(10) PLS/PLF：取脉冲上升（下降）沿。

(11) INV：取反指令。

(12) NOP：空指令。

(13) END：结束指令。

2.2.2 FX2N 基本指令

1. 连接与驱动指令

连接与驱动指令（LD、LDI、OUT）见表 2.3。

表 2.3 连 接 与 驱 动 指 令

梯形图	指令	功 能	操作元件	程序步
┤├	LD	读取第一个常开触点	X、Y、M、S、T、C	1
┤/├	LDI	读取第一个常闭触点	X、Y、M、S、T、C	1
─○	OUT	驱动输出线圈	Y、M、S、T、C	Y、M：1；特 M：2；T：3；C：3～5

逻辑取、取反、输出线圈指令（LD、LDI、OUT）梯形图举例，如图 2.3 所示，有以下几点说明：

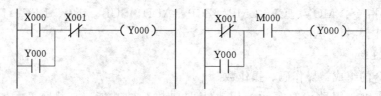

图 2.3 LD、LDI、OUT 梯形图举例

(1) LD（取指令）：将常开触点接到母线上，代表一个逻辑行（块）的开始。

(2) LDI（取反指令）：将常闭触点接到母线上，代表一个逻辑行（块）的开始。

(3) OUT（输出指令）：根据逻辑运算结果去驱动一个指定的线圈。用于驱动输出继电器（Y）、辅助继电器（M）、状态继电器（S）、定时器（T）、计数器（C）。当计数器 C 和定时器 T 使用 OUT 指令驱动时，其后应设定计数器和定时器的常数值。OUT 指令不能驱动输入继电器（X）。输入继电器的状态只能由输入信号决定。

(4) OUT 指令可以连续使用，不受使用次数的限制，这种输出称为并行输出。

2. 触点串联指令

触点串联指令（AND、ANI）见表 2.4。

表 2.4 触 点 串 联 指 令

梯形图	指令	功 能	操作元件	程序步
┤├┤├	AND	串联一个常开触点	X、Y、M、S、T、C	1
┤├┤/├	ANI	串联一个常闭触点	X、Y、M、S、T、C	1

触点串联指令梯形图举例，如图 2.4 所示，有以下几点说明：

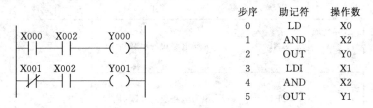

步序	助记符	操作数
0	LD	X0
1	AND	X2
2	OUT	Y0
3	LDI	X1
4	AND	X2
5	OUT	Y1

图 2.4　触点串联指令梯形图举例

（1）AND、ANI 指令用于触点的串联连接，串联触点个数不限，该指令可以重复使用。

（2）图形编程器和打印机的功能有限制，建议尽量做到一行不超过 10 个触点和一个线圈，连续输出总共不超过 24 行。

3. 触点并联指令

触点并联指令（OR、ORI）见表 2.5。

表 2.5　　　　　　　　　　　　触点并联指令

梯形图	指令	功　　能	操 作 元 件	程序步
	OR	与一个常开触点并联	X、Y、M、S、T、C	1
	ORI	与一个常闭触点并联	X、Y、M、S、T、C	1

触点并联指令举例，如图 2.5 所示，有以下几点说明：

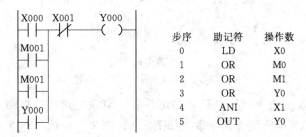

步序	助记符	操作数
0	LD	X0
1	OR	M0
2	OR	M1
3	OR	Y0
4	ANI	X1
5	OUT	Y0

图 2.5　触点并联指令举例

（1）OR：或指令，其功能是使元件的常开触点与其他元件的触点并连。

（2）OR、ORI 指令用于一个触点的并联连接，该指令可以重复使用，建议并联总共不超过 24 行，串联块的并联要用块或（ORB）指令。

4. 电路块串、并联指令

电路块串、并联指令（ANB、ORB）见表 2.6。

表 2.6 电路块串、并联指令

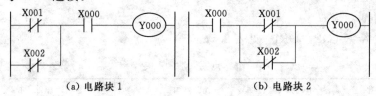

梯 形 图	指令	功 能	操作元件	程序步
	ANB	并联电路块的串联	无	1
	ORB	串联电路块的并联	无	1

（1）ANB 电路块与指令：将并联电路块串联（并联电路块：将两个以上的触点并联连接的电路块）。ANB 电路块与指令举例，如图 2.6 和图 2.7 所示，有以下说明：图 2.6 (a)、(b) 两图中实现的逻辑控制功能相同，X001 与 X002 构成一个并联电路块，故应使用 ANB 指令与 X000 连接。

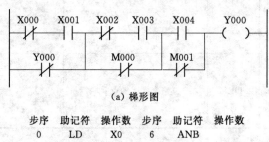

（a）电路块 1 （b）电路块 2

图 2.6 ANB 电路块与指令举例

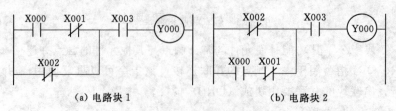

（a）梯形图

步序	助记符	操作数	步序	助记符	操作数
0	LD	X0	6	ANB	
1	ANI	X1	7	LD	X4
2	OR	Y0	8	OR	M1
3	LD	X2	9	ANB	
4	ANI	X3	10	OUT	Y0
5	OR	M0			

（b）指令表

图 2.7 ANB 电路块与指令举例

（2）ORB 电路块或指令：将串联电路块并联（串联电路块：将两个以上的触点串联连接的电路块）。ORB 电路块或指令举例如图 2.8、图 2.9 所示，有以下说明：

（a）电路块 1 （b）电路块 2

图 2.8 ORB 电路块或指令举例（一）

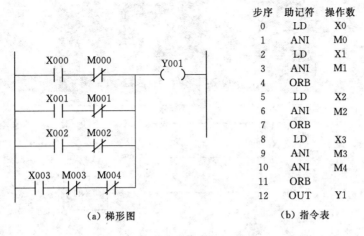

步序	助记符	操作数
0	LD	X0
1	ANI	M0
2	LD	X1
3	ANI	M1
4	ORB	
5	LD	X2
6	ANI	M2
7	ORB	
8	LD	X3
9	ANI	M3
10	ANI	M4
11	ORB	
12	OUT	Y1

（a）梯形图　　　　　　　（b）指令表

图 2.9　ORB 电路块或指令举例（二）

1）图 2.8（a）、（b）两图中实现的逻辑控制功能相同，但右图的 X000 触点与 X002 触点既不是串连又不是并连，而是与 X001 形成一个串联电路块，故应使用 ORB 指令。

2）ANB 和 ORB 指令是不带操作元件的指令。

3）ANB、ORB 指令可以重复使用，但集中（连续）使用时必须少于 8 次。

注意：单个触点与前面电路并联或串联时不能用电路块指令。

5. 置位、复位指令

置位、复位指令（SET、RST）见表 2.7。

表 2.7　　　　　　　　　　　　置位、复位指令

梯形图	指令	功　能	操作元件	程序步
┤├─┤├─ SET □	SET	动作接通并保持	Y、M、S	Y、M：1；S、特 M：2
┤├─┤├─ RST □	RST	动作断开，寄存器清零	Y、M、S、T、C、D、V、Z	

注　D：数据寄存器；V、Z：变址寄存器。

需要注意的是：X000 一接通 Y000 得电，即使再断开，Y000 仍继续保持得电。同理 X002 一接通即使再断开，Y000 也将保持失电。

置位、复位指令举例如图 2.10、图 2.11 所示，有以下几点说明：

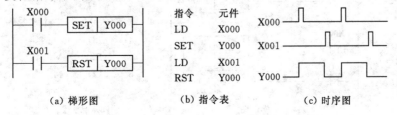

指令	元件
LD	X000
SET	Y000
LD	X001
RST	Y000

（a）梯形图　　　（b）指令表　　　（c）时序图

图 2.10　置位、复位指令举例（一）

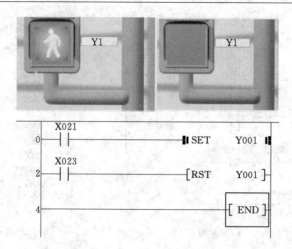

图 2.11 置位、复位指令举例（二）

（1）SET 置位指令：保持线圈得电。RST 复位指令：保持线圈失电。

（2）SET、RST 指令具有"记忆"功能。当使用 SET 指令时，其线圈具有自保持功能；当使用 RST 指令时，自保持功能消失。

（3）SET、RST 指令的编写顺序可任意安排，但当一对 SET/RST 指令被同时接通时，编写顺序在后的指令执行有效。

（4）SET、RST 指令驱动保持型辅助继电器时，可实现断电保持功能。

6. 上升沿微分、下降沿微分指令

上升沿微分、下降沿微分指令（PLS、PLF）见表 2.8。

表 2.8　　　　　　　　　　　上升沿微分、下降沿微分指令

梯形图	指令	功　能	操作元件	程序步
⊢⊢ ⊢ ⊢ [PLS]	PLS	上升沿微分输出	Y、M	2
⊢⊢ ⊢ ⊢ [PLF]	PLF	下降沿微分输出	Y、M	2

上升沿微分、下降沿微分指令举例如图 2.12、图 2.13 所示，有以下几点说明：

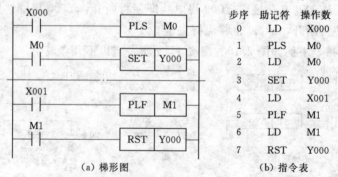

（a）梯形图　　　　　　　　　（b）指令表

图 2.12（一）　上升沿微分、下降沿微分指令举例

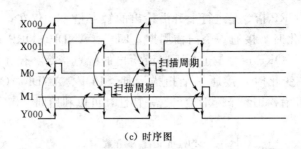

（c）时序图

图 2.12（二）　上升沿微分、下降沿微分指令举例

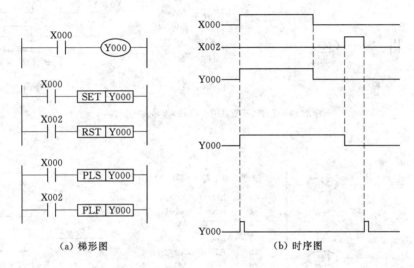

（a）梯形图　　　　　　　　　（b）时序图

图 2.13　OUT、SET 和 RST、PLS 和 PLF 指令
（梯形图、指令表、时序图）举例

使用 PLS 指令时，仅在驱动输入为 ON 后的一个扫描周期内，软元件 Y、M 动作。

使用 PLF 指令时，仅在驱动输入为 OFF 后的一个扫描周期内，软元件 Y、M 动作。

需要注意的是：OUT、SET 和 RST、PLS 和 PLF 指令在执行结果上的不同。

7. 边沿检出指令

边沿检出指令（LDP、LDF、ANDP、ANDF、ORP、ORF）见表 2.9。

表 2.9　　　　　　　　　　　　　边 沿 检 出 指 令

指令符	名　称	指令对象
LDP	取脉冲上升沿	X，Y，M，S，T，C
LDF	取脉冲下降沿	X，Y，M，S，T，C
ANDP	与脉冲上升沿	X，Y，M，S，T，C
ANDF	与脉冲下降沿	X，Y，M，S，T，C
ORP	或脉冲上升沿	X，Y，M，S，T，C
ORF	或脉冲下降沿	X，Y，M，S，T，C

LDP、ANDP、ORP 指令是进行上升沿检出的触点指令，仅在指定位软元件的上升沿时（OFF→ON 变化时）接通一个扫描周期，LDP、ANDP、ORP 指令举例如图 2.14 所示。LDF、ANDF、ORF 指令是进行下降沿检出的触点指令，仅在指定位软元件的下降沿时（ON→OFF 变化时）接通一个扫描周期，LDF、ANDF、ORF 指令举例如图 2.15 所示。利用上升沿检出和下降沿检出这一特性，可以利用同一信号进行状态转移。

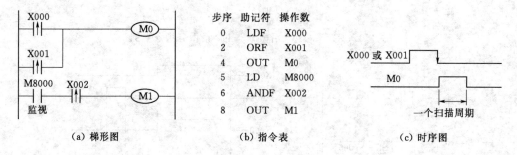

图 2.14　LDP、ANDP、ORP 指令举例（一）

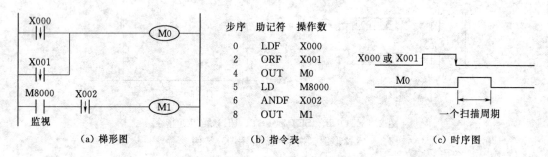

图 2.15　LDF、ANDF、ORF 指令举例（二）

8. 反转指令

反转指令（INV）见表 2.10，反转指令执行前后结果见表 2.11，INV 指令举例如图 2.16 所示，有以下几点说明：

表 2.10　　　　　　　　　　反　转　指　令

梯　形　图	指　令	功　　能	操作元件	程序步
┤├─／○	INV	运算结果取反	无	1
┤──[NOP]	NOP	无动作	无	1

（1）INV 指令是将 INV 电路之前的运算结果取反。

（2）能编制 AND、ANI 指令步的位置可使用 INV。

（3）LD、LDI、OR、ORI 指令步的位置不能使用 INV。

（4）含有 ORB、ANB 指令的电路中，INV 是将执行 INV 之前的运算结果取反。

表 2.11　　　　　　　　　　　　　反转指令执行前后结果

执行 INV 指令前的运算结果	执行 INV 指令后的运算结果	执行 INV 指令前的运算结果	执行 INV 指令后的运算结果
OFF	ON	ON	OFF

（a）梯形图　　　　　　　　　　　　　（b）指令表

图 2.16　INV 指令举例

9. 堆栈（多重输出）指令

堆栈（多重输出）指令（MPS、MRD、MPP）见表 2.12。

表 2.12　　　　　　　　　　　　　堆栈（多重输出）指令

梯形图	指令	功能	操作元件	程序步
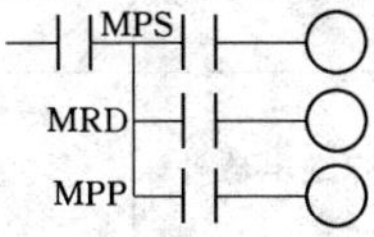 MPS	MPS	进栈	无	1
MRD	MRD	读栈	无	1
MPP	MPP	出栈	无	1

需要说明的是：这项指令是用于分支多重输出回路编程的方便指令。利用 MPS 指令存储得出的运算中间结果，然后进行驱动输出线圈。用 MRD 指令将该存储读出，再驱动输出线圈。MRD 指令可多次编程，但是在打印、图形编程面板的画面显示方面有限制（并联回路 24 行以下）。最终输出回路以 MPP 指令替代 MRD 指令，从而在读出上述存储的同时将它复位。MPS 指令也可重复使用，MPS 指令与 MPP 指令的数量差额少于 11，但最终两者的指令数要一样。栈操作指令举例如图 2.17 所示。两段堆栈的指令举例如图 2.18 所示。

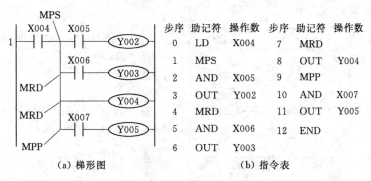

（a）梯形图　　　　　　　　　　　　　（b）指令表

图 2.17　栈操作指令举例

10. 主控触点指令

主控触点指令（MC、MCR）见表 2.13，主控触点指令举例（无嵌套）如图 2.19 所示。有以下几点说明：

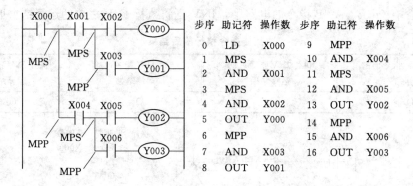

(a) 梯形图　　　　　　　　(b) 指令表

图 2.18　两段堆栈的指令举例

表 2.13　　　　　　　　　　主 控 触 点 指 令

梯形图	指令	功　　能	操作元件	程序步
MC Nx Y M	MC	主控电路块起点	M 除特殊继电器外	3
MCR Nx	MCR	主控电路块终点	M 除特殊继电器外	2

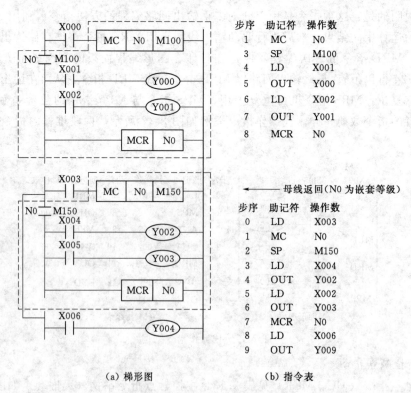

(a) 梯形图　　　　　　　　(b) 指令表

图 2.19　主控触点指令举例 (无嵌套)

（1）MC 指令的执行条件接通时，执行从 MC 到 MCR 的指令，执行条件断开时，不执行上述区间的指令。

1）累计定时器，计数器等用置位/复位指令驱动的软元件保持现状，其余的软元件被置位。

2）非累计定时器，计数器用 OUT 指令驱动的软元件变为断开。

（2）执行 MC 指令后，母线（LD，LDI）向 MC 触点后移动，将其返回到原母线的指令为 MCR。

（3）在 MC 指令内采用 MC 指令时，嵌套级 N 的编号按顺序增大（N0→N1→N2→N3→N4→N5→N6→N7）。在将该指令返回时，采用 MCR 指令，则从大的嵌套级开始消除（N7→N6→N5→N4→N3→N2→N1→N0）。MCR N6，MCR N7 不编程时，若对 MCR N5 编程，则嵌套级一下子回到 5。嵌套级最大可编写 8 级（N7）。

（4）在没有嵌套结构时，可再次使用 N0 编制程序。N0 的使用次数无限制。在有嵌套结构时（图 2.20），嵌套级 N 的编号从 N0→N1→…→N6→N7 增大。

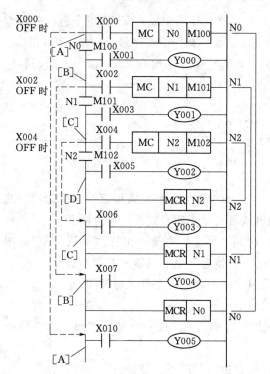

（级 N0）
母线 B 在 X000 为 ON 时，呈激活状态

（级 N1）
母线 C 在 X000、X002 为 ON 时，呈激活状态

（级 N2）
母线 D 在 X000、X002、X004 都为 ON 时，呈激活状态

（级 N1）
通过 MCR N2，母线返回到 C 的状态

（级 N0）
通过 MCR N1，母线返回到 B 的状态

（初始状态）
通过 MCR N0，母线返回到初始的 A 状态。因此，Y005 的接通/断开只取决于 X010 的接通/断开状态，而与 X000、X002、X004 的状态无关

图 2.20 有嵌套的主控触点指令举例

11．空操作指令

空操作指令（NOP）见表 2.14，有以下几点说明：

表 2.14 空操作指令定义及应用对象

梯 形 图	指令	功 能	操作元件	程序步
NOP	NOP	无动作	无	1

（1）将程序全部消除时，全部指令成为 NOP。

（2）在普通的指令与指令之间加入 NOP 指令，则可编程控制器将无视其存在继续工作。

（3）在程序中加入 NOP 指令，则在修改或追加程序时，可以减少步号的变化。

（4）若将已写入的指令换成 NOP 指令，则回路会发生变化。

12. 程序结束指令

程序结束指令（END）见表 2.15，有以下几点说明：

表 2.15　　　　　　　　　　　程序结束指令定义及应用对象

梯形图	指令	功　能	操作元件	程序步
┤ END ├	END	输入/输出处理，程序返回到开始	无	1

（1）END 为程序结束指令。用户在编程时，可在程序段中插入 END 指令进行分段调试，等各段程序调试通过后删除程序中间的 END 指令，只保留程序最后一条 END 指令。

（2）每个 PLC 程序结束时必须用 END 指令，若整个程序没有 END 指令，则编程软件在进行语法检查时会显示语法错误。

任务 2.3　梯 形 图 设 计

2.3.1　梯形图的特点

（1）梯形图格式中的继电器不是物理继电器，每个继电器和输入接点均为存储器中的一位，相应位为"1"态，表示继电器线圈通电或常开接点闭合或常闭接点断开。

（2）梯形图中流过的电流不是物理电流，而是"概念"电流，也称"能流"。它是用户程序解算中满足输出执行条件的形象表示方式。"概念"电流只能从左向右流动。

（3）梯形图中的继电器接点可在程序中无限次引用，既可常开又可常闭。

（4）梯形图编程格式。

1）每个梯形图程序由多个梯级组成，一个输出元素可构成一个梯级，每个梯级可由多个支路组成。

2）每个支路通常可容纳 11 个编程元素，最右边的元素不能是触点。

3）每个梯级最多允许 16 条支路。

4）在用梯形图编程时，只有在一个梯级编制完后才能继续后面的程序编程。

5）输出线圈用圆形或椭圆形表示。

（5）梯形图设计规则。

1）梯形图按 PLC 在一个扫描周期内扫描程序的顺序，从左到右、从上到下的顺序进行绘制，与右边线圈相连的全部支路组成一个逻辑行。

2）逻辑行起于左母线，终于右母线（或终于线圈，或一特殊指令），不能在线圈与右母线之间接其他元件。

3）一个逻辑行编程顺序则是从上到下，从左到右进行，触点应画在水平支路上，不能画在垂直支路上（图 2.21）。

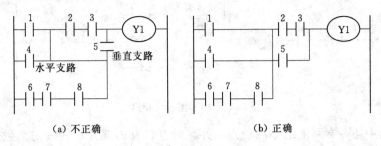

图 2.21 梯形图设计规则

4）几条支路并联时，串联触点多的，安排在上面（先画），如图 2.22 所示。

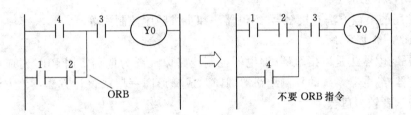

图 2.22 梯形图设计规则

5）几个支路串联时，并联触点多的支路块安排在左面，如图 2.23 所示。

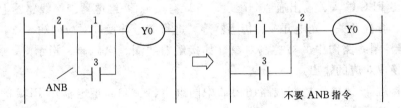

图 2.23 梯形图设计规则

6）一个触点不允许有双向电流通过。当出现这种情况时，按图 2.24 的示例改。

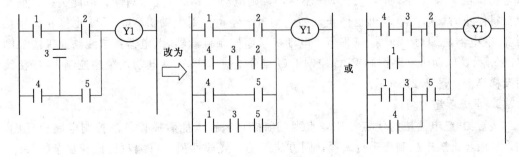

图 2.24 梯形图设计规则

7) 当两个逻辑行之间互有牵连时，如图 2.25 所示，可按图示的方法加以改画。

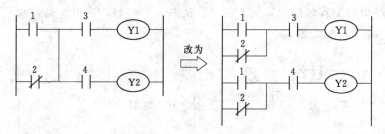

图 2.25　梯形图设计规则

　　在梯形图中任一支路上的串联触点、并联触点以及内部并联线圈的个数一般不受限制，但有的 PLC 有自己的规定，应注意看说明书。若在顺序控制中进行线圈的双重输出（双线圈），则后面的动作优先执行。

2.3.2　FX2N 编程方法

　　PLC 常用的编程方法有接触器-继电器法和步进顺序控制法等。

1. 接触器-继电器法

　　接触器-继电器法是以接触器-继电器控制线路原理图为依据，用 PLC 对应的软继电器，将接触器-继电器系统的控制线路"翻译"成梯形图程序的设计方法，该方法对于电气专业的初学者较为适合。

　　用接触器-继电器法编程可以分为以下几个步骤：

　　(1) 清楚接触器-继电器控制线路原理图的工作原理。分析主电路和控制电路部分控制的逻辑关系。

　　(2) 作出 PLC 输入、输出通道分配表。将现有接触器-继电器控制线路图上的控制器件（如按钮、行程开关、光电开关、传感器等）进行编号并换成对应的输入点，将现有接触器-继电器控制线路图中的被控制对象（如接触器线圈、电磁阀、指示灯、数码管等）进行编号并换成对应的输出点。

　　(3) 将接触器-继电器控制线路图中的中间继电器、时间继电器用 PLC 的辅助继电器、定时器代替。

　　(4) 按上面方法作出梯形图后，简化修改。

　　【例 2.1】 有 4 台电动机分别为 M1～M4，控制要求如下：前级电动机不启动时，后级电动机也无法启动，如电动机 M1 不启动，则电动机 M2 也无法启动；以此类推，前级电动机停止时，后级电动机也停止，如电动 M2 停止，则电动机 M3、M4 也停止。用接触器-继电器法编写 PLC 控制程序。电动机顺序控制接触器-继电器控制线路原理图如图 2.26 所示，电动机顺序控制 PLC 控制 I/O 点分配见表 2.16，电动机顺序控制 PLC 接线图及梯形图如图 2.27 所示。

2. 步进顺序控制法

　　接触器-继电器法的优点是比较直观，前提是编程者能看懂设备的控制电路原理图。如果采用步进顺序控制法进行编程，则方法简单，规律性强，可编写出比较复杂的程序，一般初学者容易掌握。

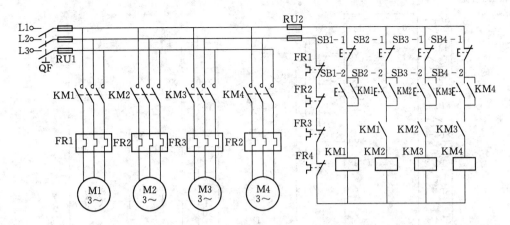

图 2.26 电动机顺序控制接触器-继电器控制线路原理图

表 2.16 电动机顺序控制 PLC 控制 I/O 点分配表

输 入 信 号			输 出 信 号		
名称	代号	输入点号	名称	代号	输入点号
按钮	SB1-1	X0	接触器	KM1	Y1
按钮	SB1-2	X1	接触器	KM2	Y2
按钮	SB2-1	X2	接触器	KM3	Y3
按钮	SB2-2	X3	接触器	KM4	Y4
按钮	SB3-1	X4			
按钮	SB3-2	X5			
按钮	SB4-1	X6			
按钮	SB4-2	X7			

（1）步进顺序控制概述。顺序控制就是在生产控制过程中，按照生产工艺所要求的动作规律，在各个输入信号的作用下，根据内部的状态和时间顺序，使生产过程中的各个执行机构自动地、按照预先规定的顺序有步骤地进行操作。

顺序控制是由若干个步骤组成的，每一个步骤称为一个工步或工作状态，而顺序控制在任何时刻只能处于一种工作状态。在 FX2 系列 PLC 中，状态继电器组件 S0～S899 作为顺序控制组件，其中 S0～S9 定义为初始状态的专用继电器，S10～S19 定义为回零状态的专用继电器，S20～S899 为通用状态继电器。一般情况下，通用状态继电器可以按顺序连续使用。通用状态继电器 S20～S899 如果不进行顺序控制，则可以作为普通的状态继电器使用，其功能与通用继电器 M 相同。

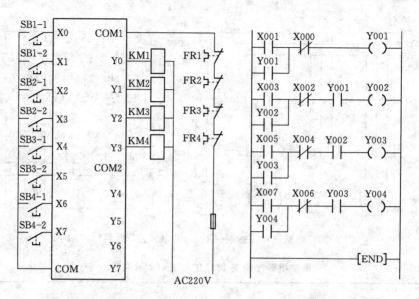

图 2.27　电动机顺序控制 PLC 接线图及梯形图

顺序控制有三个特点：①每个工步都应有一个状态继电器进行控制，以便顺序控制过程能顺利进行；②每个工步都具有带负载的能力；③每个工步当向下一步转换的条件满足时，都能转移到下一个工步，而旧的工步自动复位消失。

（2）状态流程图。状态流程图是用状态来描述控制过程的流程图形。在顺序控制中，每一个工步就是一个状态。一个完整的状态必须包括以下内容：

1）该状态的控制组件（即状态继电器 S）。

2）对应于该状态所驱动的负载，可以是输出继电器 Y，也可以是辅助继电器 M、定时器 T 或计数器 C 等。

3）当前状态向下一状态转移的条件，这些转移条件可以是单独的常开或常闭触点，也可以是各类继电器触点的逻辑组合。

4）向下一状态转移时应有明确的转移方向。

图 2.28 画出了某组合机床液压动力滑台的工作状态流程图。当 PLC 接上电源时，初始脉冲辅助继电器 M8002 接通一个扫描周期，工作状态转移到初始状态 S0。当输入继电器 X0 闭合时，状态转移到 S20，S20 驱动 Y1、Y3。当输入继电器 X1 闭合时，状态转移到 S21，S21 驱动 Y1，而上一状态 S20 驱动的 Y3 自动复位。当输入继电器 X2 闭合时，状态转移到 S22，S22 驱动 Y1、Y4。当输入继电器 X3 闭合时，状态转移到 S23，S23 驱动 Y1、Y4、T0。经过 20s 后，T0 常开触点闭合，状态转移到 S24，S24 驱动 Y2，上一状态 S23 驱动的 Y1、Y4、T0 自动复位。当输入继电器 X4 闭合时，状态又转移到初始状态 S0，程序完成一个状态流程。

（3）PLC 步进顺序控制编程。PLC 步进顺序控制编程的主要依据是状态流程图，运用 STL 和 RET 步进指令进行编程。利用 SET 置位指令将某状态的状态继电器组件置位后，该状态的步进接点闭合，这时顺序控制进入该状态。当转移至下一状态的条件满足时，利用 SET 置位指令又将下一状态的状态继电器组件置位，这时顺序控制进入下一个状态，而上一个状态的状态继电器组件自动复位。

顺序控制编程的步骤如下：

1）列出 PLC 的 I/O 点分配表。

2）根据系统控制要求画出顺序控制的状态流程图。

3）根据状态流程图编出相应的梯形图。

4）写出对应的指令语句表。

5）调试程序。

根据图 2.28 所示的状态流程图，编出相应的梯形图及指令语句表，如图 2.29 所示。

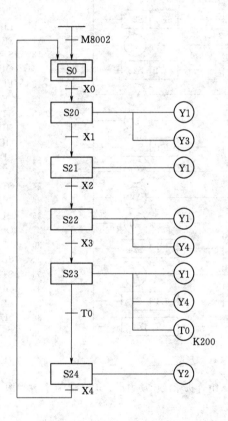

图 2.28　某组合机床液压动力滑台的工作状态流程图

顺序控制又可分为单流程顺序控制和多流程顺序控制。将在后面的内容中详细介绍。

3．其他编程方法

（1）逻辑设计法。逻辑设计法以逻辑代数为理论基础。优点是逻辑严密，但当系统较为复杂，难以用列表法表示各组件状态变化关系，难以列出检测组件（输入组件）、中间各记忆组件和输出组件的逻辑表达式，这种方法就显示不出其优越性了，且设计周期也较长。

（2）经验法。经验法是指设计者根据平时积累的经验进行编程。要求设计者在各学科具有广泛的见识并积累了丰富经验，例如要求设计者在电气控制线路、电子技术、液压传动等领域有所了解，并对各种 PLC 常用子程序非常熟悉。

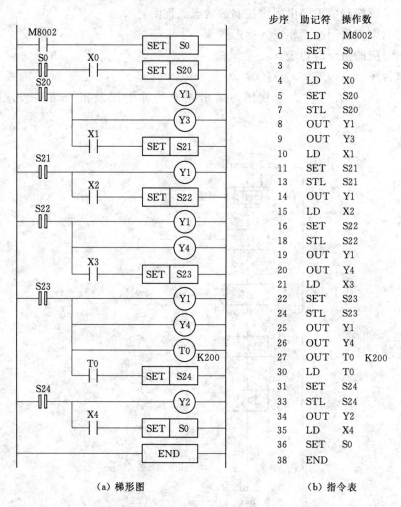

（a）梯形图　　　　　　　　（b）指令表

图 2.29　某组合机床液压动力滑台 PLC 控制的梯形图、指令表

FX2N 系列 PLC 的基本指令编程

课时分配

建议课时：16 课时。

学习目标

(1) 掌握"FX‐TRN‐BEG‐C"仿真软件的使用方法。

(2) 会用"FX‐TRN‐BEG‐C"仿真软件进行基本控制程序编程（完成 11 个练习题）。

(3) 会用"FX‐TRN‐BEG‐C"仿真软件进行复杂控制程序编程（完成 10 个练习题）。

(4) 完成"FX‐TRN‐BEG‐C"仿真软件中应用控制程序编程练习（初级挑战）。

任务 3.1 学习 FX2N 仿真软件

FX2N 系列 PLC 可用"FX‐TRN‐BEG‐C"仿真软件进行仿真运行。该软件既能够编制梯形图程序，也能够将梯形图程序转换成指令语句表程序，模拟写出到 PLC 主机，并模拟仿真 PLC 控制现场机械设备运行。

使用"FX‐TRN‐BEG‐C"仿真软件，须将显示器像素调整为 1024×768，如果显示器像素较低，则无法运行该软件。

3.1.1 仿真软件界面和使用方法介绍

启动"FX‐TRN‐BEG‐C"仿真软件，进入仿真软件首页（图 3.1）。

编程仿真界面的上半部分为仿真界面，下半部分为编程和显示操作界面。

1. 仿真界面

编程仿真界面的上半部分，左起依次为远程控制画面、培训辅导画面和现场工艺仿真画面。点击远程控制画面的教师图像，可关闭或打开培训辅导画面。

仿真界面"编辑"菜单下的 I/O 清单选项，显示该练习项目的现场工艺过程和工艺条件的 I/O 配置说明。对每个练习项目的 I/O 配置说明，需仔细阅读，正确运用。

远程控制画面的功能按钮，自上而下依次为：

梯形图编辑——将仿真状态转为编程状态，可以开始编程。

PLC 写入——将转换完成的用户程序，写入模拟的 PLC 主机。PLC 写入后，方可进行仿真操作，此时不可编程。

复位——将仿真运行的程序停止复位到初始状态。

正俯侧——选择现场工艺仿真画面的视图方向。

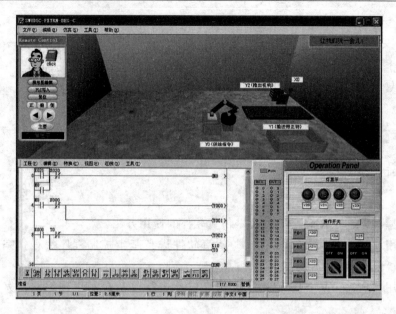

图 3.1　仿真编程界面

< >——选择基础知识的上一画面和下一画面。

主要——返回程序首页。

"编程/运行"显示窗——显示编程界面当前状态。

仿真现场给出的 X 的位置，实际是该位置的传感器，连接到 PLC 的某个输入接口 X；给出的 Y 的位置，实际是该位置的执行部件被 PLC 的某个输出接口 Y 所驱动。本书以 X 或 Y 的位置替代说明传感器或执行部件的位置。

仿真现场的机器人、机械臂和分拣器等，为点动运行，自动复位。仿真现场的光电传感器遮光时，其常开触点接通，常闭触点分断，通光时相反。

在某个培训练习项目下，可根据该项目给定的现场工艺条件和工艺过程，编制 PLC 梯形图，写入模拟的 PLC 主机，仿真驱动现场机械设备运行；也可不考虑给定的现场工艺过程，仅利用其工艺条件，编制任意的梯形图，用灯光、响铃等显示运行结果。

2. 编程界面

编程仿真界面的下半部分左侧为编程界面，编程界面上方为操作菜单，其中"工程"菜单，相当于其他应用程序的"文件"菜单。只有在编程状态下，才能使用"工程"菜单进行打开、保存等操作。

编程界面两侧的垂直线是左右母线，之间为编程区。编程区中的光标，可用鼠标左键单击移动，也可用键盘的四个方向键移动。光标所在位置，是放置、删除元件等操作的位置。

仿真运行时，梯形图上不论触点和线圈，蓝色表示该元件接通。

受软件反应灵敏度所限，为保证可靠动作，对各元件的驱动时间应不小于 0.5s。

3. 显示操作界面

编程仿真界面的下半部分右侧依次为 I/O 状态显示画面、模拟灯光显示画面和模拟开关操作画面。

I/O 状态显示画面，用灯光显示一个有 48 个 I/O 点的 PLC 主机的某个输入或输出继电器是否接通吸合。

模拟灯光显示画面，其模拟电灯已经连接到标示的 PLC 输出点。

模拟开关操作画面，其模拟开关已经连接到标示的 PLC 输入点，PB 为自复位式点动常开按钮，SW 为自锁式转换开关，面板的"OFF/ON"是指其常开触点分断或接通。

4. 编制程序和仿真调试

按"梯形图编辑"按钮进入编程状态，该软件只能利用梯形图编程，并通过点按界面左下角"转换程序"按钮或 F4 热键，将梯形图转换成语句表，以便写入模拟的 PLC 主机。但是该软件不能用语句表编程，也不能显示语句表。编程界面下方显示可用鼠标左键点击的元件符号，如图 3.2 所示。

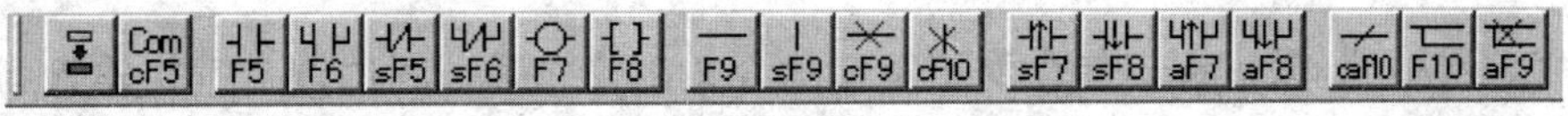

图 3.2 编程热键

常用元件符号的意义说明如下：

将梯形图程序转换成语句表程序（F4 为其热键）。

放置常开触点。

并联常开触点。

放置常闭触点。

并联常闭触点。

放置线圈。

放置指令。

放置水平线段。

放置垂直线段于光标的左下角。

删除水平线段。

删除光标左下角的垂直线段。

放置上升沿有效的常开触点。

放置下降沿有效的常开触点。

元件符号下方的 F5～F9 等字母数字，分别对应键盘上方的编程热键，其中大写字母前的 s 表示 Shift＋；c 表示 Ctrl＋；a 表示 Alt＋。

（1）元件放置方法。梯形图编程采用鼠标法、热键法、对话法和指令法均可调用、放置元件。

1）鼠标法：移动光标到预定位置，单击编程界面下方的触点、线圈、指令等符号，弹出元件标号对话框，输入元件标号、参数或指令，即可在光标所在位置放置元件或指令。

2）热键法：点按编程热键，也会弹出元件标号对话框，其他同上。

3) 对话法：在预定放置元件的位置双击，弹出元件对话框，单击元件下拉箭头，显示元件列表，如图 3.3 所示。选择元件、输入元件标号，即可放置元件和指令。

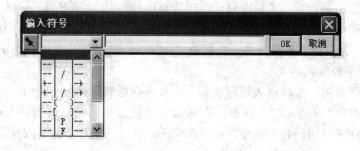

图 3.3   元件符号和元件标号对话框

4) 指令法：如果对编程指令助记符及其含义比较熟悉，利用键盘直接输入指令和参数，可快速放置元件和指令。例如，输入"LD X1"，将在左母线加载一个 X1 常开触点；输入"ANDF X2"，将串连一个下降沿有效的 X2 常开触点；输入"OUT T1 K100"，将一个 10s 计时器的线圈连接到右母线。

（2）编程其他操作。

1) 删除元件。按键盘 Delete 键，删除光标处元件；点按回退键，删除光标前面的元件；垂直线段的放置和删除，请使用鼠标法。

2) 修改元件。双击某元件，弹出"元件"对话框，可对该元件进行修改编辑。

3) 右键菜单。右击，弹出菜单如图 3.4 所示，可对光标处进行撤销、剪切、复制、粘贴、行插入、行删除等操作。

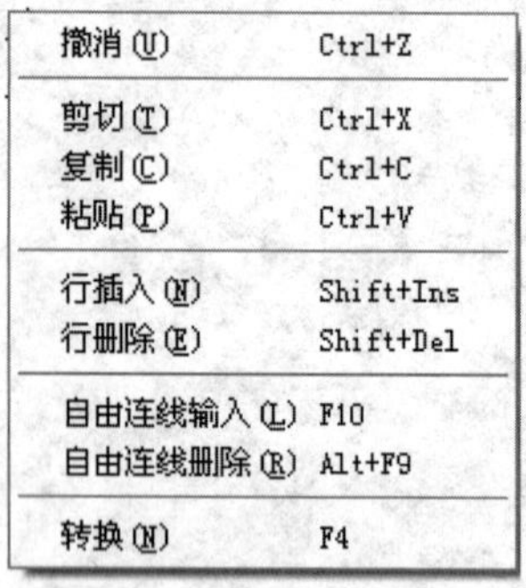

撤消(U)	Ctrl+Z
剪切(T)	Ctrl+X
复制(C)	Ctrl+C
粘贴(P)	Ctrl+V
行插入(N)	Shift+Ins
行删除(E)	Shift+Del
自由连线输入(L)	F10
自由连线删除(R)	Alt+F9
转换(N)	F4

图 3.4   菜单

（3）程序转换、保存与写入等操作。

单击"转换程序"按钮，进行程序转换。此时如果编程区某部分显示为黄色，表示这部分编程有误，请查找原因予以解决。

单击"工程/保存"按钮，选择存盘路径和文件名，进行存盘操作。

单击"工程/打开工程"按钮，选择路径和文件名，调入原有程序。

单击"PLC 写入"，将程序写入模拟的 PLC 主机，即可进行仿真试运行，并根据运行结果调试程序。

3.1.2   FX2N 仿真编程练习

请遵循前面介绍的编程方法和编程规则，根据仿真练习题目提出的工艺要求，设计梯形图，并进行仿真调试。

仿真练习题目后面的编号，是仿真软件仿真界面编号，也是满足题目要求的仿真现场工艺过程和工艺条件所在的章节，请在编号所在的仿真软件章节下编制程序、仿真调试。

每次仿真均按如下要求完成：

（1）写出 PLC 输入、输出点分配表（表 3.1）。

表 3.1 　　　　　　　　　　×××控制输入、输出点分配表

输　入　信　号			输　出　信　号		
名称	代号	输入点编号	名称	代号	输入点编号

（2）根据上述描述，编写程序（梯形图）。

（3）输入程序，上机模拟调试并运行。

任务 3.2 　基本控制程序编程仿真练习

所谓基本控制程序，是指利用极少数元件，实现一个简单控制的程序。任何一个复杂完整的控制程序，都是由多个基本控制程序有机组合而成，所以要熟练掌握基本控制程序。

下列为基本控制程序编程仿真练习，各仿真练习中标号（如"B-3"）为练习所使用的界面。

（1）点动控制 B-3。按下 PB2，红灯亮，绿灯灭；抬起 PB2，红灯灭，绿灯亮（提示：X21 常开触点控制 Y0，X21 常闭触点控制 Y1）。

（2）辅助继电器应用 B-3。借助辅助继电器实现练习题（1）的要求（体会继电器线圈吸合、释放，与常开、常闭触点动作的关系）。

（3）启动与停止 B-3。按下 PB2，红灯点亮；抬起 PB2，红灯不得熄灭；点动 PB1，红灯熄灭（要点：继电器自锁控制）。

（4）置位与复位 B-3。利用置位指令 SET 和复位指令 RST，实现练习题（3）的要求。

（5）互锁控制 B-3。点动 PB2，红灯常亮，绿灯不能点亮；点动 PB3，绿灯常亮，红灯不能点亮；点动 PB1，灯光熄灭（要点：继电器互锁控制，电动机正反转换向运行，必须设置互锁控制）。

（6）延时接通 B-3。点动 PB2，3s 后红灯常亮；点动 PB1，灯光熄灭（体会计时器计时必须连续供电，断电清零）。

（7）延时分断 B-3。点动 PB2，红灯常亮；3s 后自动熄灭。

（8）间歇控制 B-3。点动 PB2，红灯点亮 5s，熄灭 5s 循环；点动 PB1，停止工作。

（9）计数控制 B-3。点动 PB2 五次，红灯常亮；点动 PB1，灯光熄灭（体会计数器断电保持，必须用 RST 强制清零）。

（10）边沿驱动 B-3。按下 PB2，由触点上升沿驱动，使红灯常亮；抬起 PB3，由触点下降沿驱动，使绿灯常亮；点动 PB1，停止工作（重点体会后沿驱动的效果）。

（11）单键控制 B-3。使用线圈交替控制指令，实现单键控制。点动 PB2，红灯点亮；再次点动 PB2，红灯熄灭；如此循环。

任务 3.3　复杂控制程序编程仿真练习

将任务 3.2 中基本控制程序进行有机组合，可以构成较为复杂控制程序。

（1）交替亮灯计数 B-3。点动 PB2，红绿灯交替点亮各 5s；重复 5 次，停止工作。点动 PB1 紧急停止（要点：间歇控制）。

（2）分别控制 B-3。用 PB2 和 PB3 分别点亮红、绿灯，用 PB1 关闭；用 PB4 同时点亮红绿灯，用 PB1 关闭。

（3）客人呼叫系统 D-1。客人点动桌面按钮，对应的指示灯常亮，值班室 PL4 同时点亮；点动值班室 PB1，各灯熄灭复位（要点：自锁控制）。

（4）手动顺序启动同时停止 B-4。由 PB2、PB3、PB4 顺序启动红、绿、黄三灯转动；点动 PB1，三灯同时熄灭（要点：顺序控制）。

（5）自动顺序启动同时停止 B-4。点动 PB2，红灯转动；5s 后绿灯转动。再过 6s 两灯同时停止。点动 PB1，紧急停止（要点：定时和顺序控制）。

（6）手动输送 A-3。点动 PB2，输送带连续运转；点动 PB3，机器人供料；点动 PB4，机械臂推料；点动 PB1，停止工作（要点：点动和连续控制）。

（7）自动输送 A-3。点动 PB2，输送带运转，机器人供料；部件到达 X0 处，输送带停止机械臂推料。以后自动循环供料、推料。点动 PB1，停止工作。

（8）自动计数输送 B-4。点动 PB2，绿灯转动，机器人连续供料，输送带送料；送料 5 件，停止运转，蜂鸣器响，红灯转动；点动 PB1，紧急停车和停止鸣响（提示：为了避免最后一个部件停留在输送带上，请利用下降沿触发指令 PLF，或者定时器延时）。

（9）输送带试验 B-4。点动 PB2，输送带正转 3s，绿灯转动，停止 2s；然后输送带反转 3s，黄灯转动，停止 2s。如此循环共 30s，试验时间到，停止运转，红灯转动并且鸣响。点动 PB1，紧急停车和停止鸣响。

（10）四组抢答器 B-4。PB1～PB4 为各组的抢答按钮，PL1～PL4 为各组指示灯，任意一组抢答后本组灯亮，响铃 3s，其他组再按按钮无效。SW1 为主持人复位开关（要点：互锁控制）。

任务 3.4　应用控制程序设计训练

每次仿真均按如下要求完成：

（1）写出 PLC 输入、输出点分配表（表 3.2）。

表 3.2　　　　　　　　　×××控制输入、输出点分配表

输　入　信　号			输　出　信　号		
名称	代号	输入点编号	名称	代号	输入点编号

（2）根据任务描述，编写程序（梯形图）。

（3）输入程序，上机模拟调试并运行。

1. 呼叫单元设计（D-1-1）

控制目的：使用学过的 LD、LDI、OUT、OR、ANI、AND 基础指令控制一间餐馆中的呼叫单元。

控制细节：呼叫单元必须可以执行以下的动作：

（1）当按下桌子上的按钮 1 后，墙上的灯 1 点亮。如果按钮 1 松开，灯 1（Y0）不能熄灭。

（2）当按钮 2 被按下，墙上的灯 2 点亮。同样，按钮 2 松开后，灯 2 不熄灭。

（3）当灯 1、灯 2 都点亮后，服务台的灯 PL1 灯点亮。

（4）服务员见到 PL1 灯亮后，按下按钮 PB3，餐桌旁墙上的灯 1、灯 2 熄灭，告诉客人服务员已知道，并立即会前去服务。

训练指令：LD、LDI、OUT、OR、ANI、AND。

2. 检测传感器灯设计（D-2）

控制目的：当检测到人或汽车时使闪烁灯点亮。使用 LD、LDI、OUT、OR、ANI、AND、LDF 基础指令和定时器 T。

控制要求：

（1）人移动（D-2-1）：

1）当入门传感器（X0）检测到人通过时，闪烁绿灯（Y1）点亮。

2）传感器（X1）检测到人的消息 5s 后，闪烁绿灯（Y1）熄灭。

（2）汽移动（D-2-2）：

1）当入门传感器（X2）检测到汽车通过时，闪烁绿灯（Y4）点亮。

2）传感器（X3）检测到汽车上的消息 5s 后，闪烁绿灯（Y4）熄灭。

3）如果汽车没有在 10s 内通过入门传感器（X2）和 OUT（X3）之间区域，闪烁红灯点亮而且蜂鸣器响。

4）一旦汽车通过传感器 OUT（X3），闪烁灯熄灭而且蜂鸣器停止。

3. 交通信号灯控制（D-3）

控制交通灯使之在规定的时间间隔内变换信号。

（1）当按下操作面板上的"PB"时，进程开始。

（2）首先红灯（Y0）亮 6s。

（3）红灯（Y0）在点亮 6s 后熄灭。黄灯（Y1）点亮 3s。

（4）黄信号灯（Y1）在点亮 3s 后熄灭。绿灯（Y2）点亮 5s。

（5）绿灯（Y2）在点亮 5s 后熄灭。

（6）重复动作（2）～（5）。

4. 不同尺寸的部件分拣 1（D-4）

将 3 个大小不同的部件从传送带上分类。当部件通过传感器（X4）时，操作面板上的灯会被点亮瞬间：Y10 亮表示"大"，Y11 亮表示"中"，Y12 亮表示"小"。

（1）当按下操作面板上的"PB1"（X10）后，机器人的供给指令（Y5）就被打开了。

当松开"PB1"（X10），供给指令（Y5）被关闭。

（2）当操作面板上的"开始操作"（X14）被打开后，输送带正转（Y3）被打开。

当操作面板上的"开始操作"（X14）被关闭后，输送带正转（Y3）被关闭。

（3）在传送带上的大、中或小部件被传感器上（X0）、中（X1）和下（X2）分别捡选，相应的灯点亮。

（4）当传感器（X0、X1、X2）拣选以后，一个指示灯立即点亮，然后它在部件通过传感器（X4）后熄灭。

（5）用到指令：输入、输出、SET、RST。

5. 输送带的启动/停止（D-5）

启动或停止传送带。

（1）当操作面板上的"PB1"（X20）被按下时，闪烁航等（Y7）点亮而且蜂鸣器（Y3）响 5s。如果松开"PB1"（X20），黄灯（Y7）保持点亮。

（2）当闪烁黄灯（Y7）熄灭而且蜂鸣器（Y3）停止后，输送带正传（Y1）被置为 ON。在输送带正传（Y1）为 ON 的期间，闪烁绿灯（Y6）保持点亮。

（3）当操作面板上的"PB2"（X21）被按下，在（1）和（2）中描述的动作停止。当（1）中的程序执行时动作被重复。

6. 输送带驱动（D-6）

根据传感器数据操作传送带。

（1）当操作面板上的"PB1"（X20）按下，如果机器人在原点位置（X5），控制机器人供给指令（Y7）被置为 ON。当松开"PB1"（X20），直到机器人回到原点位置（X5），供给指令（Y7）被锁存。

（2）当传感器（X0）检测到一个部件，上段输送带正传（Y0）被置为 ON。

（3）当传感器（X1）检测到一个部件，中段输送带正传（Y2）被置为 ON。而上段输送带正传（Y0）停止。

（4）当传感器（X2）检测到一个部件，下段输送带正传（Y4）被置为 ON。而中段输送带正传（Y2）停止。

（5）当传感器（X3）检测到一个部件，下段输送带正传（Y4）停止。

（6）当传感器（X3）被置为 ON，供给指令（Y7）被置为 ON，而且如果机器人在原点位置（X5），一个部件被补给。

7. 按钮信号（E-1）

使用按钮切换交通灯。

（1）红色信号灯（Y0）以 1s 间隔闪烁（ON 1s 后 OFF 1s）。

（2）在操作面板上的按钮（X10）被按下后，操作面板上的指示灯（Y10）点亮。如果松开按钮（X10），指示灯（Y10）保持点亮。

（3）在指示灯（Y10）点亮 5s 以后，信号的显示将会像（4）到（7）描述的一样。

（4）首先，当指示灯（Y10）点亮时，红色信号灯（Y0）闪烁 5s。

（5）红色信号灯（Y0）关闭。黄色信号灯（Y1）点亮 5s。

（6）黄色信号灯（Y1）熄灭后，绿色信号灯（Y2）点亮 10s。

（7）绿色信号灯（Y2）关闭以后，红色信号灯（Y0）以 1s 间隔闪烁（ON 1s 后 OFF 1s）。

然后重复从（1）开始的操作。

8．不同尺寸部件分拣 2(E-2)

根据部件大小将其送往各自的目的地。

（1）当操作面板上的"SW1"（X24）被置为 ON，传送带前送。当操作面板上的 "SW1"（X24）被置为 OFF，传送带停止。

（2）当按下操作面板上的"PB1"（X20）时供给指令（Y0）变为 ON。当机器人从出发点移动后，供给指令（Y0）变为 OFF（机器人将完成部件装载过程）。

（3）机器人补给大部件，中部件或小部件。

（4）大部件被放到后部的传送带上而小部件被放到前部的传送带上。在传送带上的部件大小被输入上部（X1），中部（X2）和下部（X3）检测出来。

（5）当部件被送到指定位置后，重复按下"PB1"（X20）。

9．移动部件（E-3）

给机器人一个指令，使其将部件移动到一个新的位置。

（1）操作者补给部件。操作者确认指示灯"供给许可"点亮后补充一个部件到传送带上。如果指示灯一直点亮，操作者不断补充部件。

（2）当 PLC 处于 RUN 状态，传送带保持正转。

（3）当操作面板上的"PB1"（X20）被按下，供给指令（Y0）变为 ON 而"供给许可"指示灯点亮。操作者补给部件。当按下"PB1"（X20），指示灯熄灭。但是如果一个部件仍然在桌子上，供给指令（Y0）将不会变为 ON 以至于指示灯"供给许可"不会点亮。

（4）当桌子上的部件在桌子上（X1）变为 ON，取出指令（Y2）被置为 ON。当机器人操作完成（X2）变为 ON（当一个部件放在碟子上变为 ON），取出指令（Y2）被置为 OFF。只有机器人在出发点处时，取出指令（Y2）才会被置为 ON。

10．钻孔（E-4）

给漏斗补给过来的部件上钻孔。

（1）操作面板上的"PB1"（X20）被按下以后，漏斗上的供给指令（Y0）变为 ON。当松开"PB1"（X20）以后，供给指令（Y0）变为 OFF。当供给指令（Y0）变为 ON，漏斗补给一个部件。

（2）当在操作面板上的"SW1"（X24）变为 ON 后，传送带正传。当在操作面板上的"SW1"（X24）变为 OFF 后，传送带停止。

（3）当钻头中的部件在钻机下（X1）的传感器被变为 ON，传送带停止。

（4）当开始钻孔（Y2）被置为 ON 以后，钻洞开始。开始钻孔（Y2）在钻孔（X0）为 ON 时被置为 OFF。

（5）当开始钻孔（Y2）被置为 ON 以后，并且在钻机启动一个完整的周期后钻孔正常（X2）或者钻孔异常（X3）中的一个将被置为 ON（钻机动作不能被中断）。

（6）在确认到钻孔正常（X2）或者钻孔异常（X3）之后，机件被送到右边的碟子。

钻了多个洞以后，钻孔异常（X3）被置为 ON，在此练习中没有对应废料的特别控制。

11. 橘子装相控制（E-5-1）

将给定数目的橘子放入一个传送带上的纸箱子里。

（1）全体控制。

1）当操作面板上"SW1"（X24）被置为 ON，传送带正传。当操作面板上"SW1"（X24）被置为 OFF，传送带停止。

2）当操作面板上的"PB1"（X20）被按下时，供给指令（Y0）为 ON。供给指令（Y0）在机器人出发点开始移动时被置为 OFF。当供给指令（Y0）变为 ON 后机器人补给箱子。

（2）橘子控制。

1）当橘子进料器中的箱子在输送带上（X1）的传感器为 ON 时，传送带停止。

2）5 个橘子被放到箱子里。内有 5 个橘子的箱子被送到右边的碟子上。

3）当供给橘子指令（Y2）被置为 ON 以后橘子被补给，当橘子已供给（X2）被置为 ON 以后补给计数开始。

12. 传送带控制（E-6）

根据控制规格，传送带正传或逆转。

（1）当按下操作面板上的"PB1"（X20）后，漏斗供给指令（Y10）被置为 ON。当松开"PB1"（X20）后，供给指令（Y10）被置为 OFF。当供给指令（Y10）被置为 ON 以后，漏斗补给一个部件。

（2）当按下操作面板上的"PB2"（X21）之后，传送带将按照以下（3）～（6）描述的顺序动作。如果松开"PB2"（X21），那么此动作将继续延续。

（3）传送带在输送带正传（Y11）被置为 ON 起开始动作而在部件的右限（X11）被置为 ON 时停止。

（4）如果传送带反转（Y12）被置为 ON，那么传送带到左面（X10）被置为 ON 为止将会逆转。

（5）在左面的暂停点的部件停止 5s。

（6）5s 以后，输送带（Y11）被置为 ON，传送带开始移动，直到停止传感器（X12）被置为 ON 位置。

13. 自动门操作（F-1）

控制一扇在检测到汽车之后可以打开或关闭的自动门。

（1）当汽车开导门的前面时，自动门打开。

（2）当汽车经过门以后，自动门关闭。

（3）在上限（X1）为 ON 时，门不再打开。

（4）再下限（X0）为 ON 时，门不再关闭。

（5）当汽车还处于检测范围入口传感器（X2）和出口传感器（X3）中的时候，门将不再关闭。

（6）蜂鸣器（Y7）再自动门动作时拉响。

（7）当汽车还处于检测范围入口传感器（X2）和出口传感器（X3）中的时候，灯（Y6）点亮。

（8）根据门的动作 4 个操作面板上的指示灯或点亮或熄灭。

（9）使用操作面板上的按钮"▲门上升"（X10）和"▼门下降"（X11）的话可以手动操作门的开关。

14. 舞台控制装置（F-2）

控制舞台设置一边打开或关闭台幕和升高或降低舞台。

（1）当操作面板上的"开始"（X16）按钮被按下时，蜂鸣器（Y5）拉响 5s。仅仅当台幕关闭和舞台降到最低点时，"开始"（X16）可以被置为 ON。

（2）当警报停止后，窗帘打开指令（Y0）被置为 ON 而且台幕会被拉开到左右端（X2 和 X5）。

（3）在台幕被完全拉开后，在舞台上升（Y2）为 ON 时舞台开始上升，在舞台上限（X6）为 ON 时舞台停止上升。

（4）当按下操作面板上的"结束"以后，窗帘关闭指令（X1）被置为 ON，而且在台幕完全关闭（左右两片台幕的最小距离限制为 X2 和 X5）。

手动控制规则如下：

（1）接下来的操作仅在以上自动操作停止时有效。

（2）台幕仅在操作面板上的"《窗帘开》"（X10）被按下时拉开。台幕会在他们打到极限（X2 和 X5）时停止打开。

（3）台幕仅在操作面板上的"》》窗帘开《《"（X11）被按下时关闭。台幕会在他们到达极限（X0 和 X3）时停止关闭。

（4）只有按下操作面板上的"▲舞台上升"（X12）以后舞台开始上升。当舞台到达上升极限（X6）后停止。

（5）只有按下操作面板上的"▼舞台下降"（X13）以后舞台开始下降。当舞台到达下降极限（X7）后停止。

（6）根据台幕和舞台的动作，在操作面板上的指示灯点亮或熄灭。

15. F-3 部件

根据大小分配特定数目的部件。

（1）当按下操作面板上的"PB1"（X20）后，机器人的供给指令（Y0）被置为 ON。在机器人完成移动部件并返回出发点后供给指令（Y0）被置为 OFF。

（2）当操作面板上的"SW1"（X24）被置为 ON，传送带正传。若"SW1"（X24）被置为 OFF，传送带停止。

（3）在传送带上的部件大小被输入传感器上（X1）、中（X2）、下（X3）检测出来并分别放到指定的碟子上。

（4）当推动器上的传感器检测到部件（X10，X11 或 X12）被置为 ON，传送带停止，而且部件被退到碟子上。

注意：当推动起的执行指令被置为 ON，推动器将退到尽头。当执行指令被置为 OFF，推动器缩回。

（5）不同大小的部件按以下的数目被放到碟子上。剩余的部件会经过推动器而且会从右尽端掉下。

其中，大部件：3个；中部件：2个；小部件：2个。

16．不良部件的分拣（F-4）

通过信号区分部件的好坏并分派到不同地方。

（1）全体控制。

1）当按下操作面板上的"PB1"（X20）按钮后，漏斗供给指令（Y0）被置为ON。当松开"PB1"（X20）按钮后，漏斗供给指令（Y0）被置为OFF。当供给指令（Y0）被置为ON，漏斗补给一个部件。

2）当在操作面板上的"SW1"（X24）被置为ON，传送带正传。当"SW1"（X24）被置为OFF，传送带停止。

（2）钻孔控制。

1）当在钻头内的部件在钻机下（X1）感应器为ON，传送带停止。

2）当开始钻孔（Y2）被置为ON，钻洞开始。在钻孔（X0）被置为ON时，开始钻孔（Y2）被置为OFF。

3）当开始钻孔（Y2）被置为ON，在钻机循环动作了一个完整的周期以后，钻孔正常（X2）或者钻孔异常（X3）被置为ON（钻机不能中途停止）。在此模拟中，每3个部件中有一个是不良品，如果一个部件上钻了好几个洞，那么它就是不良品。

4）当推动器中的检测到部件（X10）检测到一个不良品，传送带停止而推动器将其推倒"不良品"的碟子上。

注意：当推动器的执行指令被置为ON，推动器将退到尽头。当执行指令被置为OFF，推动器缩回。

5）传送带上的每个好部件会被放到标有"OK"的右端的碟子上。

17．正反转控制（F-5）

测试每个部件并将其分配到特定的位置。

（1）当按下"PB1"（X20）按钮时，漏斗的供给指令（Y0）被置为ON。当松开"PB1"（X20）按钮后，供给指令被关闭。当供给指令（Y0）被置为ON，机器人补给一个部件。

（2）当将操作面板上的"SW1"（X24）打开，传送带正传。当"SW1"（X24）被置为OFF，传送带停止。

（3）在传送带上的大、中和小部件被输入传感器上（X0）、中（X1）、下（X2）拣选并被送到特定的碟子上。大部件：被退到下层的传送带并被送到往右边的碟子上；中部件：被机器人移动到碟子上；小部件：被推倒下层的传送带并被送往左边的碟子上。

（4）当传感器检测到部件（X3）被置为ON，传送带停止而且一个大部件或是小部件被退到底层的传送带上。

（5）当机器人里的部件在桌子上（X5）被置为ON，取出指令（Y4）被置为ON。当机器人操作完成（X6）被置为ON（当一个部件被放到碟子上为ON），取出指令（Y4）被置为OFF。

（6）当操作面板上的"SW2"（X25）被置为ON，一个新部件将随后被自动补给。

18．升降机控制（F-6）

使用升降机搬运部件到3个位置。

（1）全体控制。

1）当按下"PB1"（X20）按钮时，漏斗的供给指令（Y0）被置为 ON。当松开"PB1"（X20）按钮后，供给指令被置为 OFF。当供给指令（Y0）被置为 ON，漏斗补给一个部件。

2）当将操作面板上的"SW1"（X24）被置为 ON 时，传送带正传。当"SW1"（X24）被置为 OFF，传送带停止。

3）当传送带左边传感器（X10）、（X12）或（X14）检测到一个部件，相应的传送带被置为 ON，而且把它放到右端的碟子上。传送带在一个部件经过传送带右边的传感器（X11）、（X13）或（X15）时，停止 3s。

4）在传送带上的大部件、中部件和小部件被输入传感器上（X0）、中（X1）和下（X2）分拣。

（2）升降机控制。

1）当升降机中的传感器部件在升降机上（X3）被置为 ON，一个部件根据大小被送往一下的传送带。大部件：上部的传送带；中部件：中部的传送带；小部件：下层的传送带。

2）升降机上升指令（Y2）和升降机下降指令（Y3）根据以下传感器检测到的升降机位置被控制。上部：X6；中部：X5；下部：X4。

3）当一个部件被从升降机送到传送带时，升降机旋转指令（Y4）被置为 ON。

4）在一个部件被传送以后，升降机回到初始位置并待命。

19. 分拣和分配线（F-7）

检测部件大小并按之分配到特定的地方。

（1）当按下"PB1"（X20）按钮时，机器人供给指令（Y0）被置为 ON。当机器人移动完部件而且回到出发点后，供给指令（Y0）被置为 OFF。机器人在供给指令（Y0）被置为 ON 以后补给一个部件。

（2）当操作面板上的"SW1"（X24）被置为 ON 时，传送带正传。当"SW1"（X24）被置为 OFF 时，传送带停止。

（3）在传送带的大、中和小部件被输入传感器上（X1）、中（X2）、下（X3）分拣而将被搬运到特定的碟子上。大部件：在传送带分支的分拣器（Y3）被置为 ON 的时候被放到后部传送带，然后从右端落下；中部件：在传送带分支的分拣器（Y3）被置为 OFF 的时候被放到前面传送带，然后被机器人放到碟子上；小部件：在传送带分支的分拣器（Y3）被置为 ON 的时候被放到后部传送带，当在传送带分支的传感器检测到部件（X6）被置为 ON，传送带停止，部件被推倒碟子上。

（4）当机器人里的部件在桌子上（X11）被置为 ON，取出指令（Y7）被置为 ON。当机器人操作完成（X12）被置为 ON（当一个部件被放到碟子上时为 ON），取出指令（Y7）被置为 OFF。

（5）当操作面板上的"SW2"（X25）被置为 ON 以后，一个新部件会被自动补给。

（6）闪烁灯在以下情况下点亮：①当机器人补给一个部件时点亮红灯；②当传送到移动时点亮绿灯；③当传送带停止时点亮黄灯。

应用基本指令实现电动机点动运行

课时分配

建议课时：8 课时。

学习目标

（1）掌握三菱 FX2N 系列 PLC 控制实训板的制作原理并能够熟练使用。

（2）掌握 GX Developer 软件梯形图与指令程序设计的基本方法。

（3）能绘制 PLC 控制电动机点动运行电路图。

（4）能运用 GX Developer 编程软件设计控制程序、模拟运行、写入 PLC 进行调试、运行监控功能。

（5）会安装 PLC 控制电动机点动运行电路，并进行调试。

三相异步电动机点动运行控制电路是最简单的电动机控制电路。在进行 PLC 控制三相异步电动机点动运行这个项目之前，首先要介绍三菱 PLC 控制实训板的制作原理，GX Developer 编程软件的使用方法。在以后的项目中涉及三菱 PLC 控制实训板的使用和 GX Developer 编程软件的使用则无需再赘述。

任务 4.1　三菱 PLC 控制实训板的制作

4.1.1　制作三菱 PLC 控制实训板的意义

（1）能够熟练掌握三菱 PLC 的外部接线。

（2）接线清晰明了，易于查找接线故障。

（3）PLC 的输出与强电回路通过中间继电器隔离，从而保障 PLC 的安全。

（4）频繁装拆 PLC 的外围线路，不会损坏 PLC 自身的输入、输出端子。

（5）实训板上已经装设好按钮、开关、中间继电器、指示灯等设备，安装 PLC 控制电路时非常方便。

（6）在每个实训项目中可重复使用制作好的 PLC 控制实训板。

制作三菱 PLC 控制实训板所需要的设备及元件见表 4.1。

表 4.1　三菱 PLC 控制实训板设备清单

序号	名　称	型　号	单位	数量
1	断路器	DZ47 - 60，C16	个	1
2	直流电源	JW - 25 - 24，AC/IN，110V/220V，±20%；DC/OUT，24V，1A	个	1

序号	名　　称	型　　号	单位	数量
3	熔断器	RT14 - 20，16A，380V	个	1
4	中间继电器	JQX - 13F，DC 24V，5A	个	6
5	按钮	LA19 - 11	个	4
6	转换开关	LA38 - 11	个	1
7	信号灯	SAD16 - 22D/S32，AC 380V	个	4
8	接线端子排	X3 - 6012	条	5 或 6
9	可编程控制器	FX2N - 16MR 或 FX2N - 32MR	台	1

实训板底板采用木板或网孔板，元器件可按图 4.1 布置，注意元器件之间的间隔距离，既要求紧凑又不能影响安装接线。具体内容如下：

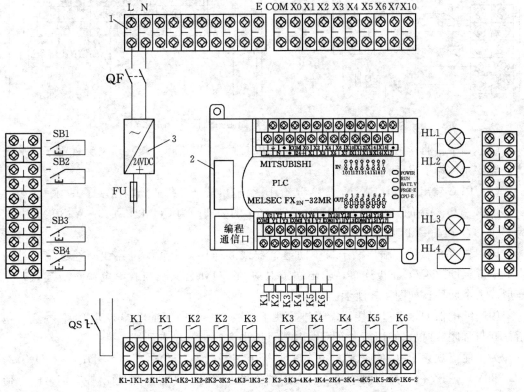

图 4.1　PLC（FX2N - 32MR）控制实训板元件布置图

1—端子排；2—PLC；3—直流电源 AC 220V/DC 24V；HL1～HL4—信号灯，AC 220V；
SB1～SB4—按钮；K1～K6—中间继电器，DC 24V

（1）PLC 电源接线：PLC 的电源火线（L）、零线（N）通过断路器（QF）引接至端子排，提供 AC 220V 外部电源即可。实训板上直流电源（JW - 25 - 24，AC/IN，110V/220V，±20%；DC/OUT，24V，1A）提供给 PLC 的输出回路。直流电源输入 AC 220V 外部电源，输出为 24V。

（2）PLC 输入接线：如图 4.2 所示，PLC 的输入端子用铜芯导线接至端子排上，注意按 X0～X7、X10～X17 顺序排列，考虑到实训项目的输入信号没有那么多，所以不必将 PLC 输入点全部引接至端子排。输入公共端 COM 引接至端子排。每个按钮的两个接线端子也引接至端子排上，按钮的一端需要接输入公共端 COM，因此实训板上所有按钮有一端已经并联好接输入公共端 COM，按钮的另一端根据控制要求与 PLC 输入端连接即可。

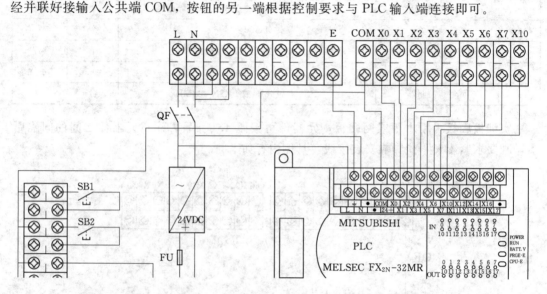

图 4.2 PLC（FX2N-32MR）控制实训板输入侧接线图

（3）端子排的作用：更换简单，接线方便直观，可以避免直接在设备元件端子上频繁接线导致元件端子损坏。

（4）PLC 输出接线：FX2N-32MR 有 16 个输出端子，每 4 个输出端子共用一个公共 COM 端，Y0～Y3 的公共端为 COM1，Y4～Y7 的公共端为 COM2，Y10～Y13 的公共端为 COM3，Y14～Y17 的公共端为 COM4。

PLC 的输出接线是输出端子与中间继电器线圈连接，中间继电器线圈经过熔断器与直流电源（DC 24V）正极连接，输出端子对应的 COM 公共端与直流电源负极连接，这样形成一个回路，如图 4.3 所示。

中间继电器的触点引出接至端子排，便于接线。一个中间继电器有近 10 对触点（包括常开与常闭），根据实训需要每个继电器只引出 2 对常开触点到端子排上。

为了便于观察 PLC 的控制对象，实训板上装设有 4 个信号灯（SAD16-22D/S32，AC 380V）。每个信号灯的两个端子引接到端子排上。当 PLC 的一个输出端有信号时，使得这个输出端子所接的中间继电器线圈接通得电，中间继电器线圈再去控制它的触点，使得常开触点闭合，若将中间继电器常开触点与信号灯、外部交流电源组成回路，则可观察到信号灯亮。

三菱 PLC（FX2N-32MR）控制实训板接线图（完整）如图 4.4 所示。

（5）中间继电器的作用：起中转的作用，PLC 的输出驱动中间继电器的线圈（DC 24V），只需 24V 直流电源。再由受中间继电器线圈控制的触点去接通控制对象回路，控制对象回路的电源为 AC 220V 或 AC 380V。PLC 的输出回路与电压较高的控制对象回路分隔开来。有利于保护 PLC 不受损坏。

（6）PLC（FX2N－16MR）控制实训板输入侧接线须注意：S/S 端子与（0V）端子短接后，（＋24V）端子作为 PLC 输入公共端 COM；或 S/S 端子与（＋24V）端子短接

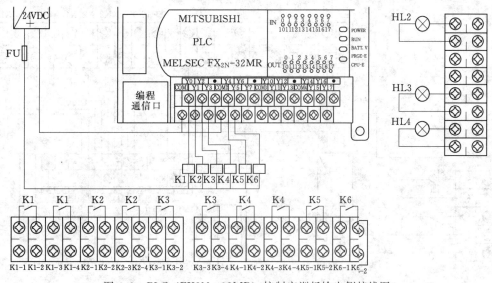

图 4.3 PLC（FX2N－32MR）控制实训板输出侧接线图

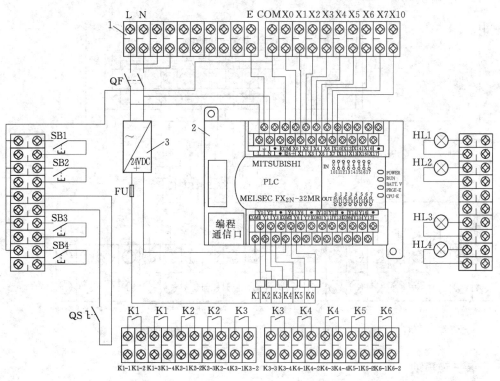

图 4.4 三菱 PLC（FX2N－32MR）控制实训板接线图（完整）

1—端子排；2—PLC；3—直流电源 AC 220V/DC 24V；HL1～HL4—信号灯，AC 220V；

SB1～SB4—按钮；K1～K6—中间继电器，DC 24V

后，(0V) 端子作为 PLC 输入公共端 COM，接线如图 4.5 所示。

(7) PLC (FX$_{2N}$-16MR) 控制实训板输出侧接线须注意：将 PLC 输出端子任一组 Y0～Y7 短接，作为 PLC 的输出公共端 COM，如图 4.6 所示。

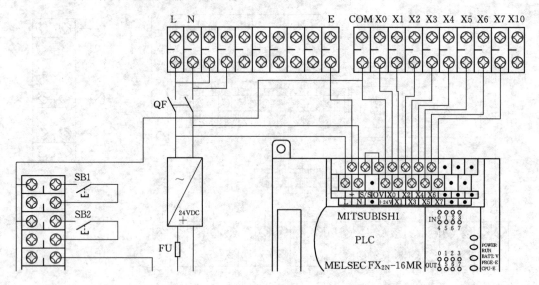

图 4.5　PLC (FX2N-16MR) 控制实训板输入侧接线图

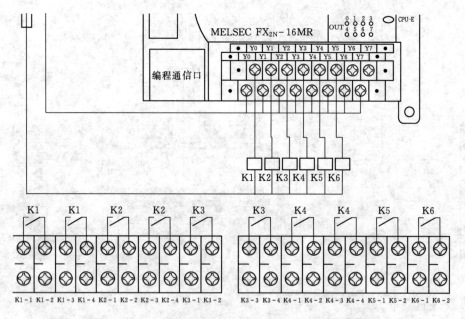

图 4.6　PLC (FX$_{2N}$-16MR) 控制实训板输出侧接线图

4.1.2　安装注意事项

(1) 导线与端子或接线桩连接时，不得压绝缘层、不反圈，露铜不能过长。

(2) 一个电器元件接线端子上的连接导线不得多于两根，每节接线端子板上的连接导线一般只允许连接一根。

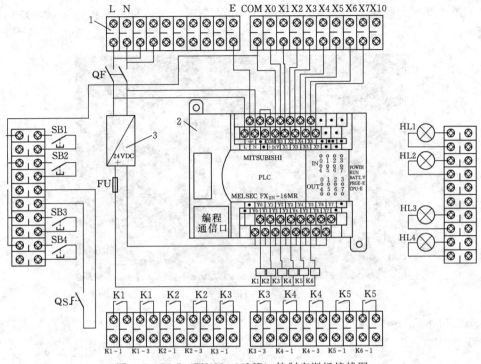

图 4.7　PLC（FX2N-16MR）控制实训板接线图

1—端子排；2—PLC；3—直流电源 AC 220V/DC 24V；HL1～HL4—信号灯，AC 220V；

SB1～SB4—按钮；K1～K6—中间继电器，DC 24V

最终完成的 PLC 控制实训板接线图如图 4.7 所示。

（3）布线时严禁损伤线芯和导线绝缘层。

已完成的三菱 FX2N 系列 PLC 实训控制板如图 4.8 所示。

图 4.8　PLC 实训板的制作实物图

任务 4.2　三菱 FX2N 系列 PLC 编程软件 GX Developer 的使用

GX Developer 编程软件支持 FX0、FX0N、FX1、FX2/FX2C、FX1S、FX1N、FX2N/FX2NC 和 FX3U 系列三菱 PLC 以及监控 PLC 中各软件的实时状态。

如图 4.9 所示，双击桌面中 GX Developer 的小图标即可进入编程环境，出现初始启动画面。

图 4.9　双击桌面图标运行 GX Developer

单击初始启动界面菜单栏中"工程"菜单并在下拉菜单条中选取"创建新工程"菜单条，或单击左上角"工程作成"按钮，如图 4.10 所示。随后出现如图 4.11 所示的 PLC 型号选择对话框。

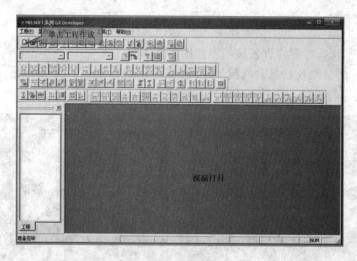

图 4.10　创建新工程

根据所选机型的型号选择好机型，单击"确认"按钮后，则出现程序编辑的主界面，如图 4.12 所示。

GX Developer 主界面含以下几个分区：菜单栏（包括 10 个主菜单项）、工具栏（快捷操作窗口）、用户编辑区、编辑区下边分别是功能键栏。

（1）菜单栏。菜单栏是以下拉菜单形式进行操作，菜单栏中包含"工程""编辑""工具""查找/替换""变换""显示""在线""诊断"等菜单项。单击某项菜单项，弹出该菜单项的菜单条，如"工程"菜单项包含"新建""打开""保存""另存为""打印""页面

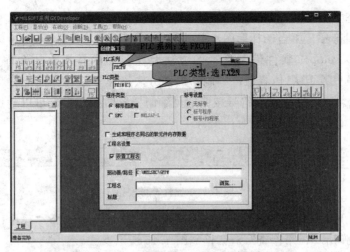

图 4.11　PLC 型号选择对话框

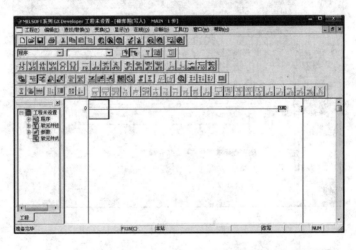

图 4.12　GX Developer 主界面

设置"等菜单条。"编辑"菜单项包含"剪切""复制""粘贴""行插入""行删除"等菜单条，这两个菜单项的主要功能是管理、编辑程序文件。菜单条中的其他项目，如"视图"菜单项功能涉及编程方式的变换，PLC 菜单项主要进行程序的下载、上传传送，"监控及调试"菜单项的功能为程序的调试及监控等操作。

（2）工具栏。工具栏提供简便的鼠标操作，将最常用的编程操作以按钮形式设定到工具栏上。可以利用菜单栏中的"视图"菜单选项来显示或隐藏工具栏。菜单栏中涉及的各种功能在工具栏中都能找到。

（3）编辑区。编辑区用来显示编程操作的工作对象，可以使用梯形图、指令表等方式进行程序的编辑工作。使用"视图"菜单项中的梯形图及指令表菜单条，实现梯形图程序与指令表程序的转换。也可利用工具栏中梯形图及指令表的按钮实现梯形图程序与指令表程序的转换。

（4）状态栏、功能键栏及功能图栏。编辑区下部是状态栏，用于表示编程 PLC 类型、软件的应用状态及所处的程序步数等。状态栏下为功能键栏,其与编辑区中的功能图栏都含有各种梯形图符号,相当于梯形图绘制的图形符号库。

运用 GX Developer 软件编制梯形图方法及梯形图的转换方法和前面所用的 FX - TRN - BEG - C 三菱 PLC 仿真软件编制梯形图方法一样,编程界面上方显示单击的元件符号(图4.13)。单击这些元件符号按钮即可编制梯形图程序,也可以利用键盘输入指令表语言来编制。此处不再赘述。

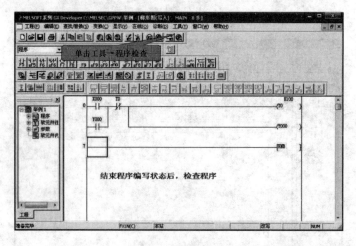

图 4.13　元件符号按钮

程序编写完成后,单击菜单栏中"工具",在下拉菜单中选择"程序检查"命令,如图 4.14 所示。弹出"程序检查"对话框如图 4.15 所示。

图 4.14　程序检查

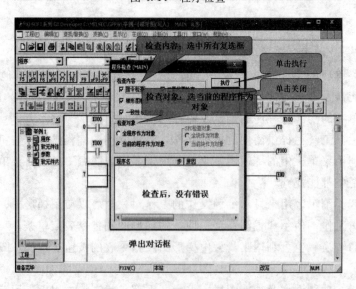

图 4.15　"程序检查"对话框

程序检查无误后，接着需将程序写入 PLC，首先要计算机与 PLC 进行通信。

FX2N 系列 PLC 与计算机通信采用 USB 接口，通信时用一根 USB 接口三菱 FX 全系列（MD8 针接头）通用编程电缆 USB - SC09 - FX。USB - SC09 - FX 电缆如图 4.16 所示。

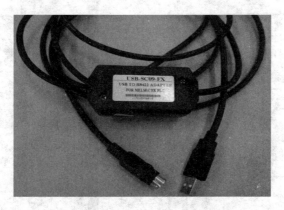

图 4.16　USB - SC09 - FX 电缆

USB - SC09 - FX 电缆一端是 USB 接口，应插入计算机的 USB 口；另一端为 8 芯的圆形插头，如插入 PLC 的编程口。在断电状态下 USB - SC09 - FX 电缆 PLC 端插头插入 PLC 编程口，插入前先找出其缺口位置和方向是否与编程电缆相一致，对应好位置后才能插入，否则容易把插针弄断。

通信连接好之后，在 PLC 编程口旁边将 PLC 方式转换开关拨至"STOP"，单击菜单栏"在线"中的"PLC 写入"命令，如图 4.17 所示。

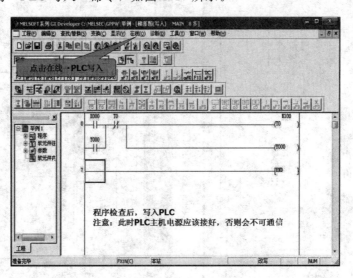

图 4.17　程序写入 PLC

弹出"PLC 写入"对话框，勾选"程序""MAIN"，单击"执行"如图 4.18 所示。接下来按计算机提示框进行选择，如图 4.19～4.22 所示。

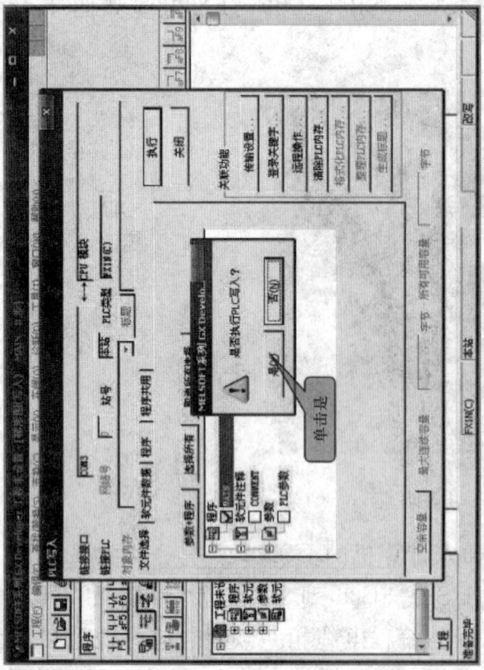

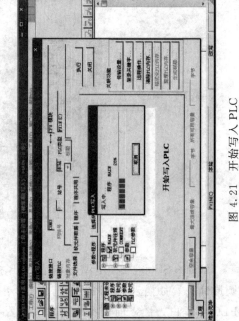

图 4.19　执行"PLC 写入"

图 4.21　开始写入 PLC

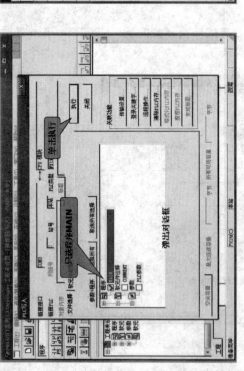

图 4.18　"PLC 写入"对话框

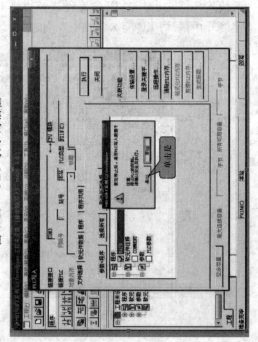

图 4.20　"PLC 写入"选择对话框

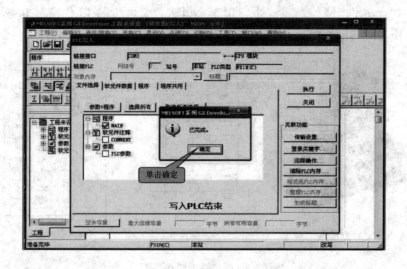

图 4.22 PLC 写入完成

程序写入完毕后，将 PLC 运行方式转换开关拨至"RUN"，单击菜单栏"在线"中的"监视模式"命令。画面上方出现监控指示，程序写入过程结束。

任务 4.3 常用电气元件介绍

4.3.1 接触器

接触器是一种自动化的控制电器，主要用于频繁接通或分断大电流，具有控制容量大、可远距离操作、可实现各种定量控制和失电压及欠电压保护等功能，广泛应用于自动控制电路，主要控制对象是电动机，也可用于控制其他电力负载，如电热器、照明、电焊机、电容器组等。根据接触器分断和接通的电流不同，有直流和交流之分，本书中主要用的是交流接触器（图 4.23）。

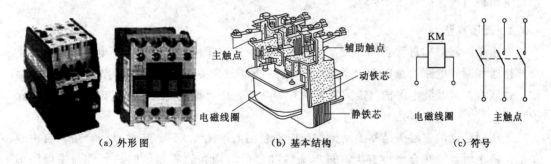

图 4.23 接触器外形及结构图

4.3.2 直流中间继电器

直流中间继电器的作用是控制各种电磁线圈，以使信号放大或将信号同时传递给有关控制元件。在自动生产线控制系统中，用于小电流、低电压的 PLC 控制电路与大电流、高电压主电路之间的信号转换（图4.24）。

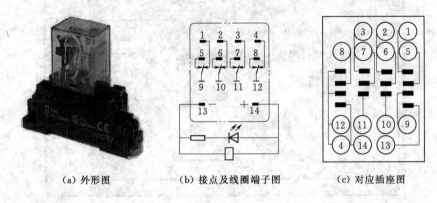

（a）外形图　　　　　（b）接点及线圈端子图　　　　　（c）对应插座图

图4.24　继电器安装在插座后

中间继电器与接触器所不同的是中间继电器触点对数较多，并且没有主、辅之分，各对触点允许通过的电流大小是相同的，其额定电流为 2～5A。

4.3.3　热继电器

热继电器是利用流过继电器的电流所产生的热效应而反时限动作的自动保护电器。所谓反时限动作，是指电器的延时动作时间随通过电路电流的增加而缩短。

热继电器主要与接触器配合使用，用作电动机的过载保护、断相保护、电流不平衡运行的保护及其他电气设备发热状态的控制。

双金属片式利用双金属片受热弯曲推动杠杆使触头动作。使用时热元件串联在主电路中，常开或常闭触点串联在控制电路中。当电动机过载时，流过电阻丝的电流超过热继电器的整定电流，电阻丝发热增多，温度升高，由于两块金属片的热膨胀程度不同而使主双金属片向侧弯曲，从而传动机构推动常闭触点断开、常开触点接通，从而切断主电路，实现对电动机过载保护（图4.25）。

4.3.4　低压断路器

低压断路器旧称自动空气开关，是将控制和保护功能合为一体的控制电器，常用作不频繁接通和断开电路的总电源开关或部分电路的电源开关。小型低压断路器具有短路保护、过载保护以及漏电保护（需附加模块）等功能，还可根据需要增加过电压、欠电压保护功能。

低压断路器的主触头是靠手动操作或电动合闸的（图4.26）。主触点闭合后，自由脱扣机构将主触点锁在合闸位置上。过电流脱扣器的线圈和热脱扣器的热元件与主电路串联，欠电压脱扣器的线圈和电源并联。当电路发生短路或严重过载时，过电流脱扣器的衔铁吸合，使自由脱扣机构动作，主触头断开主电路。当电路过载时，热脱扣器的热元件发热使双金属片向上弯曲，推动自由脱扣机构动作。当电路欠电压时，欠电压脱扣器的衔铁释放，也使自由脱扣机构动作。分励脱扣器则作为远距离控制用，在正常工作时，其线圈

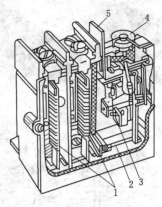

图 4.25 双金属片式热继电器外形及结构图
1—热元件；2—传动机构；3—动断触点；4—电流整定按钮；
5—复位按钮；6—限位螺钉

是断电的，在需要远距离控制时，按下启动按钮，使线圈通电，衔铁带动自由脱扣机构动作，使主触头断开。

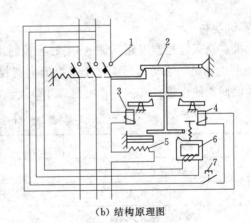

（a）外形图　　　　　　　　　（b）结构原理图

图 4.26 低压断路器
1—主触点；2—自由脱扣器；3—过电流脱扣器；4—分励脱扣器；
5—热脱扣器；6—失电压脱扣器；7—按钮

4.3.5 按钮

按钮是一种结构简单、广泛用于发送控制指令的手动主令电器（图 4.27）。控制按钮一般用于短时间的接通或断开小电流。常用种类有指示灯型按钮、紧急故障处理的蘑菇状按钮、钥匙状旋式按钮、自锁式按钮等。

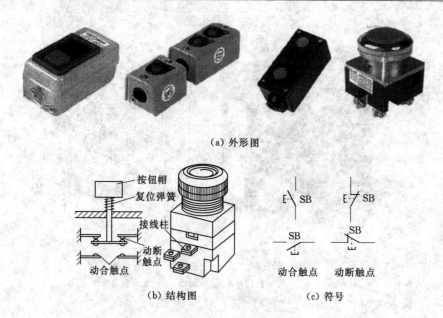

(a) 外形图

(b) 结构图　　　　　(c) 符号

图 4.27　按钮

任务 4.4　了解 PLC 控制电动机点动运行控制任务

4.4.1　实训器材

电动机点动运行控制电路用继电-接触器控制电路实现也是非常简单的，本任务采用 PLC 来控制电动机的点动运行，便于掌握继电器控制与 PLC 控制线路的转换方式、PLC 输入、输出回路的连接。所需的器材见表 4.2。

表 4.2　　　　　　　　　　　实 训 器 材 表

序号	名　称	规格型号	数量	备注
1	电工常用工具		1 套	
2	指针式万用表	500 型或 MF-47 型	1 台	
3	三菱 PLC 控制实训板		1 块	
4	交流接触器	CJX2-1810	1 个	
5	热继电器	JR36-20	1 个	
6	熔断器	RT18-32	1 个	
7	铝芯导线		若干	
8	三相异步电动机	JW6314 180W	1 台	

4.4.2　控制任务

当手按下按钮 SB1 时，KM1 线圈得电，主触点 KM1 闭合，电动机通入三相交流电运转；当手松开按钮 SB1 时，KM1 线圈失电，主触点 KM1 断开，电动机停止运转（在实际中，点动控制一般用于调整或检修），控制电路如图 4.28 所示。

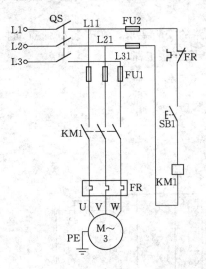

图 4.28 三相异步电动机继电-接触器
点动控制电路

任务 4.5 设计 PLC 控制程序

4.5.1 PLC 的 I/O 分配

PLC 控制电动机点动运行的 I/O 分配表见表 4.3。

表 4.3 电动机点动运行控制 I/O 点分配表

输 入 信 号			输 出 信 号		
名称	代号	输入点编号	名称	代号	输入点编号
按钮	SB1	X0	中间继电器	K1	Y0

4.5.2 PLC 控制程序

电动机点动运行控制梯形图如图 4.29 所示。

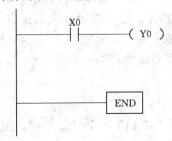

图 4.29 电动机点动运行控制梯形图

任务 4.6　安装电器元件，连接电气线路

按照电器元件和电气线路的安装要求，在安装好的点动控制电路板上安装停止按钮、热继电器，并根据线路图 4.30 连接电路。

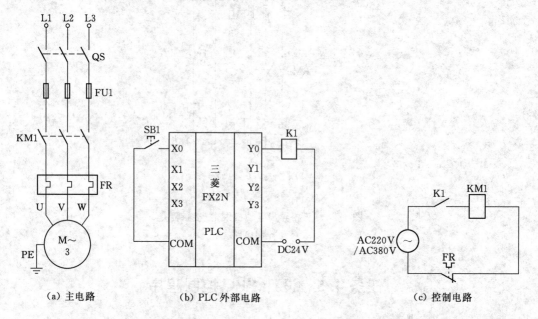

（a）主电路　　　　（b）PLC 外部电路　　　　（c）控制电路

图 4.30　电动机点动控制主回路图、PLC 外部电路连接图

安装三相异步电动机主电路需注意以下几点：

（1）电源接线 PLC 供电电源为 50 Hz、220 V±10% 的交流电，可以使用直径为 0.2 cm 的双绞线为电源线。

（2）三相异步电动机主电路由电源引入线、低压断路器、交流接触器和三相异步电动机组成，接线图如图 4.30（a）所示。

（3）安装时注意低压断路器 1、3、5 端子接电源入线，负载端由漏电脱扣器 2、4、6 端子接出，不可接错，否则会将其烧坏。

（4）由于主电路电流较大，应连接交流接触器主触头，安装时应注意主触头入线端及出线端。交流接触器的辅助触点，由于可通过电流较小，不能接入主电路。

（5）如图 4.30（b）、（c）所示，由于接触器线圈额定工作电压、电流较高，对 PLC 内部的输出继电器触点容易造成损坏。通常使用直流 24 V 中间继电器连接 PLC 输出口，再利用中间继电器常开触点控制接触器线圈的通电（参看三菱 PLC 控制实训板制作中间继电器的作用）。

任务 4.7　运行、调试 PLC 控制程序

（1）在断电状态下，连接好 PLC 与计算机的通信电缆。

（2）将 PLC 运行模式选择开关拨到 "STOP" 位置，此时 PLC 处于停止状态，可以进行程序编写。

（3）执行在线 "PLC 写入"，将程序文件下载到 PLC 中。

（4）将 PLC 运行模式选择开关拨到 "RUN" 位置，使 PLC 进入运行状态。

（5）单击菜单栏 "在线监视模式"，监控运行中各输入、输出元器件通断状况。

（6）对程序进行调试运行，观察程序运行情况。注意 PLC 面板上 IN/OUT 指示灯的变化。按下点动按钮 SB1，PLC 输入端口 IN "0" 指令灯亮，表示输入信号已置入，输出端口 OUT 指令灯 "0" 亮，表示 PLC "Y0" 有对外输出开关信号，电动机接通电源启动运转。当电动机需要停转时，松开点动按钮 SB1，PLC 输入端口 IN "0" 指令灯灭，表示输入信号已断开，输出端口 OUT 指令灯 "0" 灭，表示 PLC "Y0" 停止输出对外开关信号，直流继电器线圈断电，常开触点断开，交流接触器线圈失电，在复位弹簧作用下主触点复位，切断电动机电源，电动机停转，完成点动控制功能。

（7）若出故障，应分别检查硬件电路接线和梯形图是否有误，修改后，应重新调试，直至系统按要求正常工作。

（8）项目评价。项目评价见表 4.4～表 4.6。

表 4.4　　　　　　　　　　　　　　　自 我 评 价 （自 评）

项目内容	配分	评 分 标 准	扣分	得分
实训报告	20	内容包含：①项目名称；②控制任务；③PLC 的 I/O 点分配表；④梯形图；⑤PLC 外围接线图；⑥实训项目主要器材；⑦本人姓名及小组成员名单		
PLC 程序编制	20	（1）能正确编写程序，出现一个错误扣 2 分。 （2）能正确分析工作过程，出现一个错误扣 2 分。 （3）不能正确输入，每个错误扣 2 分		
连接 PLC 的外围接线	30	（1）接线正确规范，得 20 分。 （2）接线错误，每处扣 3～5 分		
运行调试	20	（1）第一次运行，结果符合控制任务要求得 20 分。 （2）第二次运行，结果符合控制任务要求得 10 分。 （3）第三次运行，结果符合控制任务要求得 5 分		
安全、文明操作	10	（1）违反操作规程，产生不安全因素，扣 2～7 分。 （2）迟到、早退，扣 2～7 分		
总评分＝（1～5 项总分）×40％				

表 4.5　　　　　　　　　　　　　　　小 组 评 价 （互 评）

项 目 内 容	配分	评　　分
实训记录与自我评价情况	20	
对实训室规章制度的学习与掌握情况	20	
相互帮助与沟通协作能力	20	
安全、质量意识与责任心	20	
能否主动参与整理工具、器材与清洁场地	20	
总评分＝（1～5 项总分）×30％		

表 4.6 教 师 总 体 评 价

教师总体评价意见：

教师评分（30）	
总评分＝自我评分＋小组评分＋教师评分	
教师签名： 年 月 日	

项目 5

三相异步电动机单向连续运行控制

课时分配

建议课时：8 课时。

学习目标

（1）掌握三菱 FX2N 系列 PLC 常用基本逻辑指令，编写电动机启动-保持-停止程序的方法。

（2）掌握三菱 FX2N 系列 PLC 定时器的使用。

（3）掌握梯形图和指令编程的规则、编程技巧和方法。

（4）掌握 GX Developer 软件梯形图与指令程序设计的基本方法。

（5）会应用基本指令及梯形图进行程序设计。

（6）会安装 PLC 控制电动机单向连续运行电路。

（7）会运行调试 PLC 控制电动机单向连续运行。

任务 5.1 了解三相异步电动机单向连续运行 PLC 控制要求

5.1.1 实训器材

三相异步电动机单向连续运行控制电路是典型电动机控制电路。本节任务利用 PLC 控制三相异步电动机单向连续运行，讲解三菱 PLC 的部分基本指令及应用、定时器的使用，安装控制电路并调试。使用的实训器材见表 5.1。

表 5.1   实 训 器 材 表

序号	名　　　称	规 格 型 号	数量	备注
1	电工常用工具		1 套	
2	指针式万用表	500 型或 MF－47 型	1 台	
3	三菱 PLC 控制实训板		1 块	
4	交流接触器	CJX2－1810	1 个	
5	热继电器	JR36－20	1 个	
6	熔断器	RT18－32	1 个	
7	铝芯导线		若干	
8	三相异步电动机	JW6314 180W	1 台	

5.1.2 控制任务

SB2 是启动按钮，SB1 是停止按钮，按照电动机的控制要求，当按下启动按钮 SB2

时，KM 线圈得电并自锁，电动机启动并连续运行；当按下停止按钮 SB1 或热继电器 FR
动作时，电动机停止运行（图 5.1）。

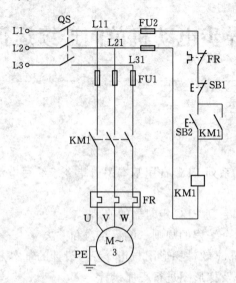

图 5.1　三相异步电动机继电-接触器单向连续运行控制电路

任务 5.2　设计 PLC 控制电动机单向连续运行程序

5.2.1　PLC 的 I/O 分配

PLC 控制电动机单向连续运行的 I/O 分配见表 5.2。

表 5.2　　　　　　　　　　电动机单向连续运行 I/O 点分配表

输入信号			输出信号		
名称	代号	输入点编号	名称	代号	输入点编号
启动按钮	SB1	X0	中间继电器	K1	Y0
停止按钮	SB2	X1			

5.2.2　PLC 控制程序

PLC 控制电动机单向连续运行梯形图如图 5.2 所示。

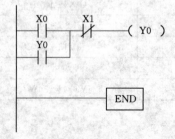

图 5.2　PLC 控制电动机单向连续运行梯形图

任务 5.3　安装电器元件，连接电气线路

按图 5.3~图 5.5 连接三相异步电动机的主电路、PLC 的外围电气连接线路。

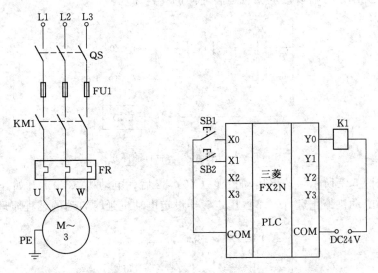

图 5.3　三相异步电动机的主电路图　　　　图 5.4　PLC 的 I/O 端接线图

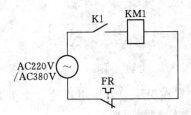

图 5.5　主电路接触器线圈接线

任务 5.4　运行、调试 PLC 控制程序

5.4.1　电动机单向连续运行、调试

（1）在断电状态下，连接好 PLC 与计算机的通信电缆。

（2）将 PLC 运行模式选择开关拨到"STOP"位置，此时 PLC 处于停止状态，可以进行程序编写。

（3）执行在线"PLC 写入"，将程序文件下载到 PLC 中。

（4）将 PLC 运行模式选择开关拨到"RUN"位置，使 PLC 进入运行状态。

（5）单击菜单栏"在线监视模式"，监控运行中各输入、输出元器件通断状况。

（6）分别按下启动按钮 SB2 和停止按钮 SB1，对程序进行调试运行，观察程序运行情况。若出故障，应分别检查硬件电路接线和梯形图是否有误。修改后，应重新调试，直至

系统按要求正常工作。

5.4.2 定时器的使用

（1）如图 5.6 所示，按下启动按钮（X0）后，电动机（Y0）开始运转，5s 后自动停止运行（掌握用定时器设定电动机运转时间的编程原理）。

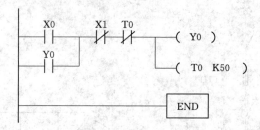

图 5.6 电动机运转 5s 后自动停止梯形图

（2）如图 5.7 所示，按下启动按钮（X0）3s 后，电动机（Y0）开始连续运转，按下停止按钮，电动机停止运行（掌握用定时器设定电动机延时启动的编程原理）。

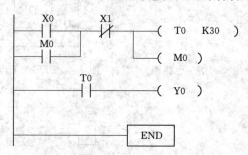

图 5.7 电动机延时 3s 启动的梯形图

需要注意的是：辅助继电器在程序中的使用若没有使用 M0 自保持（自锁），则按下又释放启动按钮（X0）后，定时器要复归。

思考：实现以上电动机控制任务时，它们的 PLC 的 I/O 分配表、三相异步电动机的主电路、PLC 的 I/O 端接线、主电路接触器线圈接线与三相异步电动机单向连续运行 PLC 控制有无异同？能够不改变 PLC 的外部电路只改变输入程序吗？

5.4.3 外部输入条件与梯形图编程的关系

绘图时应注意 PLC 外部所接"输入信号"的触点状态，与梯形图中所采用内部输入触点（X 编号的触点）的关系。

继电器控制电路中启动按钮 PB1 用常开按钮，停止按钮 PB2 用常闭按钮，如图 5.8（a）所示。当在接入 PLC 时，PB1 用常开按钮，PB2 也用常开按钮时［图 5.8（b）］，则在梯形图设计时 X001 用常开触点，X002 用常闭触点。如果在接入 PLC 时，PB1 用常开按钮，PB2 用常闭按钮［图 5.8（c）］，则在梯形图设计时 X001 用常开触点，X002 也应用常开触点。

5.4.4 项目评价

项目评价填入表 5.3～表 5.5 中。

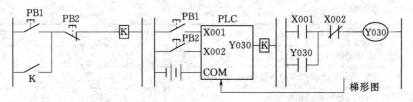

（a)继电器控制电路   (b)外部输入条件与 PLC 的连接形式之一

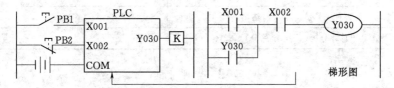

(c)外部输入条件与 PLC 的连接形式之二

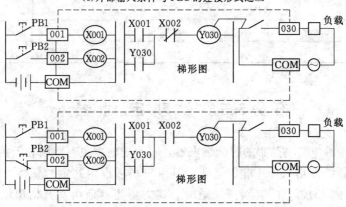

(d)两种外部输入条件与 PLC 梯形图的关系

图 5.8   外部输入条件与 PLC 的连接形式

表 5.3　　　　　　　**自 我 评 价（自评）**

项目内容	配分	评 分 标 准	扣分	得分
实训报告	20	内容包含：①项目名称；②控制任务；③PLC 的 I/O 点分配表；④梯形图；⑤PLC 外围接线图；⑥实训项目主要器材；⑦本人姓名及小组成员名单		
PLC 程序编制	20	(1) 能正确编写程序，出现一个错误扣 2 分。 (2) 能正确分析工作过程，出现一个错误扣 2 分。 (3) 不能正确输入，每个错误扣 2 分		
连接 PLC 的外围接线	30	(1) 接线正确规范，得 20 分。 (2) 接线错误，每处扣 3～5 分		
运行调试	20	(1) 第一次运行，结果符合控制任务要求的得 20 分。 (2) 第二次运行，结果符合控制任务要求的得 10 分。 (3) 第三次运行，结果符合控制任务要求的得 5 分		
安全、文明操作	10	(1) 违反操作规程，产生不安全因素，扣 2～7 分。 (2) 迟到、早退，扣 2～7 分		
总评分＝(1～5 项总分)×40%				

表 5.4　　　　　　　　　　　小 组 评 价 （互 评）

项 目 内 容	配分	评 分
实训记录与自我评价情况	20	
对实训室规章制度的学习与掌握情况	20	
相互帮助与沟通协作能力	20	
安全、质量意识与责任心	20	
能否主动参与整理工具、器材与清洁场地	20	
总评分＝（1～5 项总分）×30%		

表 5.5　　　　　　　　　　　教 师 总 体 评 价

教师总体评价意见：

教师评分（30）	
总评分＝自我评分＋小组评分＋教师评分	
教师签名：　　　　年　月　日	

任务 5.5　学 习 定 时 器

定时器相当于继电器电路中的时间继电器，每个定时器也有线圈和无数个触点供用户编程使用。定时器线圈由 OUT 指令驱动，但用户必须设定其定时值。三菱 FX2N 系列 PLC 的定时器为增定时器，当其线圈接通时，定时器当前值由 0 开始递增，直到当前值达到设定值时，定时器线圈启动，触点动作，常开触点闭合，常闭触点断开。若定时器线圈复归，则触点复归，常开触点断开，常闭触点闭合。与继电-接触器控制电路不同的是，PLC 中无失电延时定时器，但可通过编程实现。定时器以十进制数编号，可分为通用定时器和积算定时器，具有以下四种类型：

（1）100ms 定时器：T0～T199 共 200 点，计时范围：0.1～3276.7s。

（2）10ms 定时器：T200～T245 共 46 点，计时范围：0.01～327.67s。

（3）1ms 积算定时器：T246～T249 共 4 点，（中断动作）计时范围：0.001～32.767s。

（4）100ms 积算定时器：T250～T255 共 6 点，计时范围：0.1～3276.7s。

PLC 中的定时器是对设备内 1ms、10ms、100ms 等不同规格的时钟脉冲计数计时的，时钟脉冲即定时器的计时单位。定时器除了占有自己编号的存储器位外，还配有设定值寄存器和当前值寄存器。设定值寄存器存放程序赋予的定时设定值。当前值寄存器记录计时当前值。这些寄存器为 16 位二进制存储器，其最大值乘以定时器的计时单位值即是定时器的最大计时范围值。

定时器满足计时条件时开始计时，当前值寄存器则开始计数，当它的当前值与设定值寄存器存放的设定值相等时定时器动作，其常开触点接通，常闭触点断开，并通过程序作用于控制对象，达到时间控制的目的。

图 5.9 为定时器在梯形图中使用的情况。图 5.9（a）为普通定时器。图 5.9（b）为

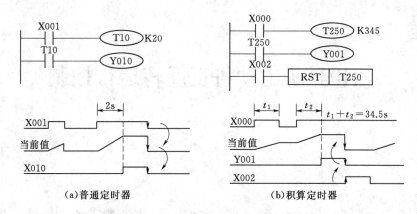

（a）普通定时器　　　　　　（b）积算定时器

图 5.9　定时器使用的梯形图及时序图

积算定时器。图 5.9（a）中 X001 为计时条件，当 X001 接通时定时器 T10 计时开始。K20 为设定值，十进制数"20"为该定时器计时单位值的倍数。T10 为 100ms 定时器，当设定值为"K20"时，其计时时间为 2s。图中 Y010 为定时器的工作对象。当计时时间到，定时器 T10 的常开触点接通，Y010 置 1。在计时中，计时条件 X001 断开或 PLC 电源停电，计时过程中止且当前值寄存器复位（置 0）。若 X001 断开或 PLC 电源停电发生在计时过程完成且定时器的触点已动作时，触点的动作也不能保持。

积算定时器所计时间为线圈接通的累计时间，若在计时期间线圈断开或 PLC 断电，定时器并不复位，而保持当前值不变。当线圈再次接通或 PLC 上电时定时器继续计时，直到累计时间达到设定值定时器动作。积算定时器定时单位有 1ms 和 100ms。

若把定时器 T10 换成积算式定时器 T250，情况就不一样了。积算式定时器在计时条件失去或 PLC 失电时，其当前值寄存器的数据及触点状态均可保持，可在多次断续的计时过程中"累计"计时时间，所以称为"积算"。图 5.9（b）为积算式定时器 T250 的工作梯形图。因积算式定时器的当前值寄存器及触点都有记忆功能，必须在程序中加入专门的复位指令。图中 X002 即为复位条件。当 X002 接通执行"RSTT250"指令时，T250 的当前值寄存器置 0，其触点复位。

定时器可采用十进制常数（K）作为设定值，也可用数据寄存器（D）的内容作间接指定。

定时器的定时值设定包括立即数设定和间接寻址方法设定。立即数设定方法如图5.10 所示，间接寻址方法设定如图 5.11 所示。

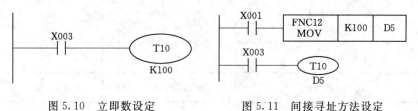

图 5.10　立即数设定　　　　　图 5.11　间接寻址方法设定

项目 6

三相异步电动机正反转运行控制

课时分配

建议课时：8 课时。

学习目标

(1) 掌握三菱 FX2N 系列 PLC 常用基本逻辑指令，能编制实现"互锁"程序。

(2) 学习常用子程序，掌握 GX Developer 软件的梯形图与指令程序设计方法。

(3) 能正确连接电动机正反转运行的主电路。

(4) 会安装 PLC 控制电动机正反转运行控制电路。

(5) 会运行调试 PLC 控制电动机正反转运行。

任务 6.1　了解三相异步电动机正反转运行 PLC 控制任务

6.1.1　实训器材

通过使用 PLC 控制三相异步电动机正反转运行的实例，介绍三菱 PLC 的计数器使用、基本指令及应用，安装控制电路并调试。所用实训器材见表 6.1。

表 6.1　　　　　　　　　　　实 训 器 材 表

序号	名　　称	规格型号	数量	备注
1	电工常用工具		1 套	
2	指针式万用表	500 型或 MF－47 型	1 台	
3	三菱 PLC 控制实训板		1 块	
4	交流接触器	CJX2－1810	1 个	
5	热继电器	JR36－20	1 个	
6	熔断器	RT18－32	1 个	
7	铝芯导线		若干	
8	三相异步电动机	JW6314 180W	1 台	

6.1.2　控制要求

合上电源开关，接通三相交流电，将电压调到额定值 380V。按下正转启动按钮 SB2，观察电动机是否继续运转，记录转动方向运转一会儿后，按下停止按钮 SB1，观察电动机是否停转。按下反转启动按钮 SB3，观察电动机是否转动，记录转动方向。按下正转启动按钮 SB2，观察电动机是否继续运转，记录转动方向。按下停止按钮 SB1 或热继电器 FR 动作时，电动机停止运行（图 6.1）。

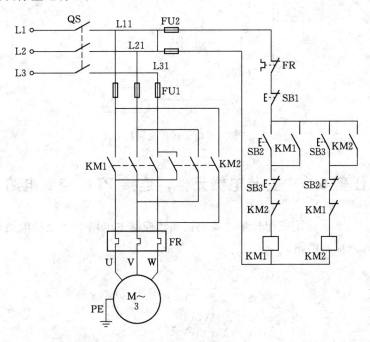

图 6.1　三相异步电动机正反转继电-接触器控制电路

三相交流电通入三相绕组所形成的磁场是一个旋转磁场，而且旋转磁场的转向取决于通入三相交流电的相序，只要调换电动机任意两相绕组所接的电源接线（相序），旋转磁场即反向转动。

任务 6.2　三相异步电动机正反转运行 PLC 控制程序设计

（1）PLC 控制三相异步电动机正反转控制 I/O 点分配表见表 6.2。

表 6.2　　　　　　　　　三相异步电动机正反转控制 I/O 点分配表

输入信号			输出信号		
名称	代号	输入点编号	名称	代号	输入点编号
正转按钮	SB1	X0	中间继电器	K1	Y0
反转按钮	SB2	X1	中间继电器	K1	Y1
停止按钮	SB3	X2			

（2）PLC 控制程序如图 6.2 所示。

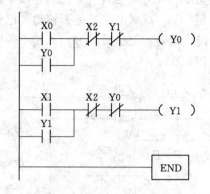

图 6.2　三相异步电动机正反转控制梯形图

任务 6.3　安装电器元件，连接 PLC 控制电路

按图 6.3、图 6.4 连接三相异步电动机正反转控制主电路（接反转电路时，注意调换相序）、PLC 外部控制电路。

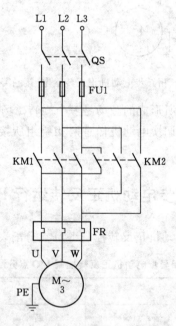

图 6.3　三相异步电动机正反转控制主电路

注意：为防止三相异步电动机正转按钮和反转按钮同时按下接通电路造成短路，控制程序中用了输出线圈互锁，即软件互锁。还可以在 PLC 的外围接线中采用接触器辅助触点互锁［如图 6.4（c）］，即硬件互锁，达到双重互锁目的。

思考：若按下启动按钮，电动机正转 5s，再反转 5s，接着又正转 5s，如此循环。按下停止按钮，电动机停止运行。控制梯形图如图 6.5 所示。如果梯形图中 PLC 的 I/O 通

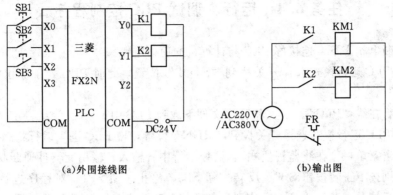

(a)外围接线图　　　　　　　　　　(b)输出图

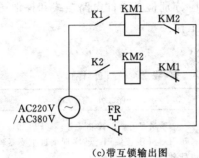

(c)带互锁输出图

图 6.4　三相异步电动机正反转 PLC 控制接线图

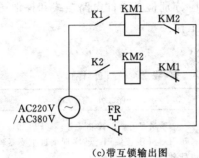

图 6.5　三相异步电动机正反转循环控制梯形图

道分配和三相异步电动机正反转控制 I/O 点分配表一样，请叙述图 6.5 梯形图的控制原理。PLC 的外围接线和三相异步电动机正反转 PLC 控制外围接线是否一样？将程序输入 PLC，连接外围电路并运行调试。

任务 6.4 运行、调试 PLC 控制程序

（1）在断电状态下，连接好 PLC 与计算机的通信电缆。

（2）将 PLC 运行模式选择开关拨到"STOP"位置，此时 PLC 处于停止状态，可以进行程序编写。

（3）执行在线"PLC 写入"，将程序文件下载到 PLC 中。

（4）将 PLC 运行模式选择开关拨到"RUN"位置，使 PLC 进入运行状态。

（5）单击菜单栏"在线监视模式"，监控运行中各输入、输出元器件通断状况。

（6）分别按下正转按钮 SB2、反转按钮 SB3、停止按钮 SB1，对程序进行调试运行，观察程序运行情况。若出故障，应分别检查硬件电路接线和梯形图是否有误。修改后，应重新调试，直至系统按要求正常工作。

（7）项目评价见表 6.3～表 6.5。

表 6.3　自　我　评　价（自评）

项目内容	配分	评　分　标　准	扣分	得分
实训报告	20	内容包含：①项目名称；②控制任务；③PLC 的 I/O 点分配表；④梯形图；⑤PLC 外围接线图；⑥实训项目主要器材；⑦本人姓名及小组成员名单		
PLC 程序编制	20	（1）能正确编写程序，出现一个错误扣 2 分。 （2）能正确分析工作过程，出现一个错误扣 2 分。 （3）不能正确输入，每个错误扣 2 分		
连接 PLC 的外围接线	30	（1）接线正确规范，得 20 分。 （2）接线错误，每处扣 3～5 分		
运行调试	20	（1）第一次运行，结果符合控制任务要求得 20 分。 （2）第二次运行，结果符合控制任务要求得 10 分。 （3）第三次运行，结果符合控制任务要求得 5 分		
安全、文明操作	10	（1）违反操作规程，产生不安全因素，扣 2～7 分。 （2）迟到、早退，扣 2～7 分		
总评分＝（1～5 项总分）×40%				

表 6.4　小　组　评　价（互评）

项　目　内　容	配分	评分
实训记录与自我评价情况	20	
对实训室规章制度的学习与掌握情况	20	
相互帮助与沟通协作能力	20	
安全质量意识与责任心	20	
能否主动参与整理工具、器材与清洁场地	20	
总评分＝（1～5 项总分）×30%		

表 6.5   教师总体评价

教师总体评价意见：

教师评分（30）	
总评分＝自我评分＋小组评分＋教师评分	
教师签名： 年 月 日	

任务 6.5 学习常用子程序（一）

根据实际运用经验进行设计的子程序，这些子程序对在以后的 PLC 程序设计或识读 PLC 程序将有很大帮助。

6.5.1 启、保、停控制程序

启、保、停控制是各种控制电路的基础，不论何种电路都离不开启、保、停控制电路。启、保、停控制电路的控制要求是：对于某控制电路，当按下启动按钮时，系统连续工作；当按下停止按钮时，系统停止工作。启、保、停控制程序如图 6.6 所示。在图 6.6 (a) 中，当按下系统的启动按钮时，输入继电器 X1 闭合，其常开触点闭合，输出继电器 Y0 通电闭合，其常开触点闭合自保持（自锁），使得当输入继电器 X1 断开时，Y0 仍能够接通，这样使得控制系统连续工作。当按下系统的停止按钮时，输入继电器 X2 闭合，其常闭触点断开，输出继电器 Y0 失电断开，自保持解除，系统停止工作。在图 6.6 (b) 中，当按下系统的启动按钮时，输入继电器 X1 闭合，SET 置位指令将输出继电器 Y0 置位，系统连续工作。当按下系统的停止按钮时，输入继电器 X2 闭合，RST 复位指令将输出继电器 Y0 复位，系统停止工作。两者实现的控制目的一样，用 SET、RST 指令编程的步数少些。

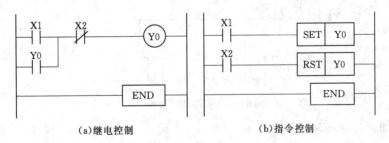

(a)继电控制   (b)指令控制

图 6.6 启、保、停控制程序

6.5.2 脉冲产生程序

PLC 控制过程中会需要用到脉冲信号，可编制脉冲产生程序，分为单脉冲产生程序和连续脉冲产生程序。

1. 单脉冲产生程序

单脉冲产生程序在有控制信号时只产生一个脉冲。实际上，利用 PLS 上升沿指令和 PLF 下降沿指令很容易产生一个单脉冲。单脉冲产生程序如图 6.7 所示。

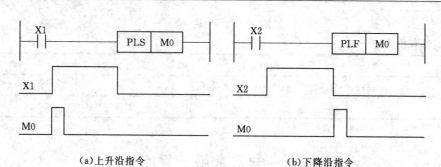

（a）上升沿指令　　　　　　　（b）下降沿指令

图 6.7　单脉冲产生程序

在 PLC 控制中，控制程序中需要单脉冲来实现计数器的计数和复位，系统的启动和停止信号也需要使用单脉冲。

2. 连续脉冲产生程序

有规律、不间断产生脉冲的程序叫做连续脉冲产生程序。脉冲周期为两个扫描周期的连续脉冲控制程序如图 6.8 所示。在图 6.8 中，当输入继电器 X1 闭合时，M0 闭合并自锁，串接在输出继电器 Y0 线圈回路中的 M0 常开触点闭合，Y0 线圈通电。经过一个扫描周期后，Y0 常闭触点断开，Y0 线圈断开，Y0 常闭触点复位。又经过一个扫描周期，Y0 线圈又接通。如此反复进行，则可输出脉冲周期为两个扫描周期的连续脉冲。按下停止按钮，输入继电器 X2 闭合，系统停止工作。

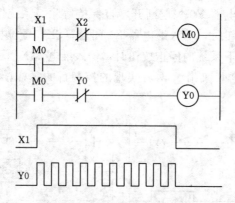

图 6.8　两个扫描周期的连续脉冲控制程序

3. 脉冲周期可调的控制程序

图 6.8 可以产生脉冲周期为两个扫描周期的连续脉冲，但这种脉冲在实际应用中没有太大的意义，这主要是因为不知道一个程序的扫描周期到底有多宽，而且一个程序的扫描周期是随着程序的大小变化的。图 6.9 为连续脉冲周期可调的控制程序。

在图 6.9 中，当输入继电器 X1 闭合时，M0 闭合并自锁，串接在时间继电器 T0 线圈回路中的 M0 常开触点闭合，T0 线圈通电。经过 t（$1 \leqslant t \leqslant 3276.7$）s 后，时间继电器 T0 动作，T0 常闭触点断开，T0 线圈断开，T0 常闭触点复位。经过一个扫描周期，T0 线圈又接通。如此反复进行，则可输出脉冲周期为 t（扫描周期）的连续脉冲。由于扫描周期远远小于 t，故可忽略不计地认为输出的脉冲周期为 t。按下停止按钮，输入继电器 X2 闭合，系统停止工作。

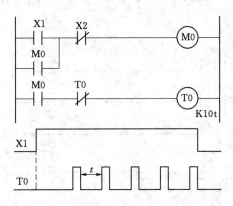

图 6.9 连续脉冲周期可调的控制程序

6.5.3 时间控制程序

利用 PLC 的时间控制程序可很方便地设计出各种各样的控制程序。

1. 1s 脉冲控制程序

利用 1s 脉冲控制程序，在控制组件接通后，输出继电器可产生脉冲周期为 1s 的连续脉冲，如图 6.10 所示。当输入继电器 X1 闭合时，时间继电器 T0 线圈通电，同时 Y0 线圈通电。经过 0.5s 后 T0 动作，串接在时间继电器 T1 线圈回路中的 T0 常开触点闭合，时间继电器 T1 线圈通电，而串接在输出继电器线圈回路中的 T0 常闭触点断开，Y0 线圈断电。又经过 0.5s 后，时间继电器 T1 动作，串接在时间继电器 T0 线圈回路中的 T0 常闭触点断开，T0 线圈失电，继而 T1 线圈失电。时间继电器 T0、T1 均失电后，又重复以上过程，产生脉冲周期为 1s 的连续脉冲。

1s 脉冲控制程序在 PLC 控制中常作为秒时钟脉冲使用。

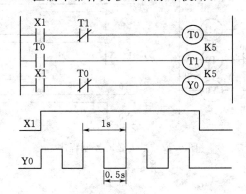

图 6.10 1s 脉冲控制程序

2. 通电延时控制程序

控制组件接通，经过约定的延时时间后，输出继电器（或其他组件）接通并动作，从而达到某种控制目的。通电延时控制程序如图 6.11 所示。当输入继电器 X1 闭合时，时间继电器 T0 线圈通电，经过 8s 后，串接在 Y0 线圈回路中 T0 的常开触点闭合，Y0 动作，达到了通电延时控制的目的。时间继电器 T0 的延时时间可在 $1\sim3276.7$s 间任意设置。

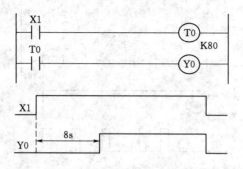

图 6.11 通电延时控制程序

3. 断电延时控制程序

控制组件接通后，输出继电器（或其他组件）接通。控制组件断开后，输出继电器（或其他组件）经过约定的时间后断开。断电延时控制程序如图 6.12 所示。在图 6.12 中，当输入继电器 X1 闭合时，辅助继电器 M0、M1 线圈通电闭合，其常开触点闭合，常闭触点断开，继而输出继电器 Y0 线圈通电，系统工作；当输入继电器 X2 闭合时，辅助继电器 M0 线圈失电，其常闭触点复位闭合，时间继电器 T0 线圈通电，经过 8s 后，时间继电器 T0 动作，辅助继电器 M1、时间继电无 T1 线圈失电，继而 Y0 失电，系统停止工作，从而达到了断电延时控制的目的。

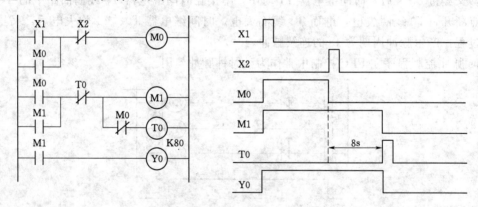

图 6.12 继电延时控制程序

交通信号灯控制

课时分配

建议课时：8 课时。

学习目标

（1）掌握三菱 FX2N 系列 PLC 常用基本逻辑指令、计数器的使用。

（2）掌握常用子程序，GX Developer 软件的梯形图与指令程序设计方法。

（3）会安装调试交通信号灯 PLC 控制电路。

（4）运行调试交通信号灯控制程序。

任务 7.1　了解交通信号灯控制要求

7.1.1　实训器材

任务通过使用 PLC 控制交通信号灯的实例，介绍了计数器的使用，常用的子程序，安装控制电路并调试。所用实训器材见表 7.1。

表 7.1　　　　　　　　　　　　实 训 器 材 表

序号	名　称	规格型号	数量	备　注
1	电工常用工具		1 套	
2	指针式万用表	500 型或 MF - 47 型	1 台	
3	三菱 PLC 控制实训板		1 块	指示灯已安装于实训板上
4	铝芯导线		若干	

7.1.2　控制要求

控制交通灯使之在规定的时间间隔内变换信号。

（1）当按下开始按钮时，进程开始。

（2）首先红灯亮 6s。

（3）红灯在点亮 6s 后熄灭。黄灯点亮 3s。

（4）黄信号灯在点亮 3s 后熄灭。绿灯点亮 5s。

（5）绿灯在点亮 5s 后熄灭。

（6）重复动作（2）～（5）。重复 2 次后（绿灯第 2 次亮 5s 后）自动停止。

（7）按下停止按钮时，进程停止。

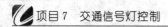

任务 7.2　设计交通信号灯控制程序

交通信号灯控制 I/O 点分配见表 7.2。

表 7.2　　　　　　　　　　　　交通信号灯控制 I/O 点分配表

输入信号			输出信号		
名　称	代　号	输入点编号	名　称	代　号	输入点编号
开始按钮	SB1	X0	中间继电器	K1	Y0（红灯）
停止按钮	SB2	X1	中间继电器	K2	Y1（绿灯）
			中间继电器	K3	Y2（黄灯）

交通信号灯控制程序如图 7.1 所示。

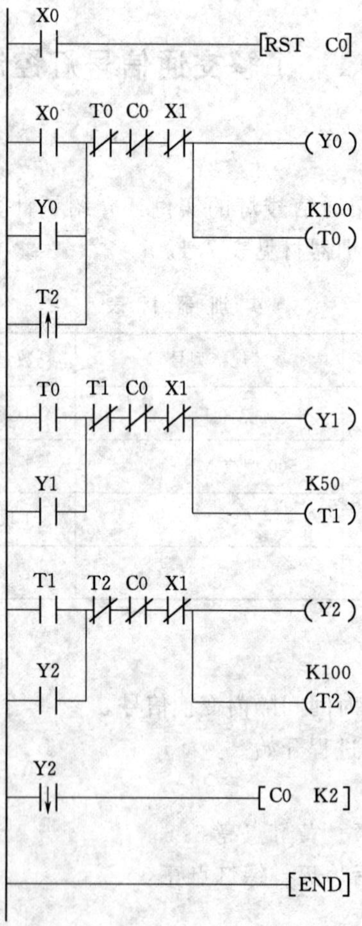

```
      X0
      ─┤├──────────────────────[RST  C0]

      X0    T0 C0 X1
      ─┤├──┤/├┤/├┤/├───────────(Y0)

      Y0                        K100
      ─┤├──────────────────────(T0)

      T2
      ─┤├──

      T0    T1 C0 X1
      ─┤├──┤/├┤/├┤/├───────────(Y1)

      Y1                         K50
      ─┤├──────────────────────(T1)

      T1    T2 C0 X1
      ─┤├──┤/├┤/├┤/├───────────(Y2)

      Y2                        K100
      ─┤├──────────────────────(T2)

      Y2
      ─┤├──────────────────────[C0  K2]

      ─────────────────────────[END]
```

图 7.1　交通信号灯控制梯形图

任务 7.3　连接 PLC 控制电路

按图 7.2 连接 PLC 的外部控制接线图。

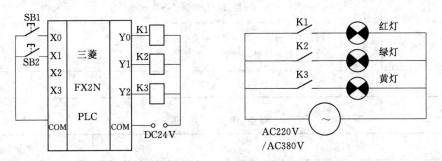

图 7.2　PLC 外部接线电路图

任务 7.4　运行、调试 PLC 控制程序

（1）在断电状态下，连接好 PLC 与计算机的通信电缆。

（2）将 PLC 运行模式选择开关拨到"STOP"位置，此时 PLC 处于停止状态，可以进行程序编写。

（3）执行在线"PLC 写入"，将程序文件下载到 PLC 中。

（4）将 PLC 运行模式选择开关拨到"RUN"位置，使 PLC 进入运行状态。

（5）单击菜单栏"在线监视模式"，监控运行中各输入、输出元器件通断状况。

（6）分别按下开始按钮 SB1、停止按钮 SB2，对程序进行调试运行，观察程序运行情况。特别要注意重复运行的次数是否符合要求。若出故障，应分别检查硬件电路接线和梯形图是否有误，修改后，应重新调试，直至系统按要求正常工作。

（7）项目评价见表 7.3～表 7.5。

表 7.3　　　　　　　　　　　自 我 评 价（自评）

项目内容	配分	评 分 标 准	扣分	得分
实训报告	20	内容包含：①项目名称；②控制任务；③PLC 的 I/O 点分配表；④梯形图；⑤PLC 外围接线图；⑥实训项目主要器材；⑦本人姓名及小组成员名单		
PLC 程序编制	20	（1）能正确编写程序，出现一个错误扣 2 分。 （2）能正确分析工作过程，出现一个错误扣 2 分。 （3）不能正确输入，每个错误扣 2 分		
连接 PLC 的外围接线	30	（1）接线正确规范，得 20 分。 （2）接线错误，每处扣 3～5 分		

续表

项目内容	配分	评 分 标 准	扣分	得分
运行调试	20	(1) 第一次运行，结果符合控制任务要求得20分。 (2) 第二次运行，结果符合控制任务要求得10分。 (3) 第三次运行，结果符合控制任务要求得5分		
安全、文明操作	10	(1) 违反操作规程，产生不安全因素，扣2～7分。 (2) 迟到、早退，扣2～7分		
		总评分＝(1～5项总分)×40％		

表7.4　　　　　　　　　　　　　小 组 评 价 (互评)

项 目 内 容	配分	评分
实训记录与自我评价情况	20	
对实训室规章制度的学习与掌握情况	20	
相互帮助与沟通协作能力	20	
安全、质量意识与责任心	20	
能否主动参与整理工具、器材与清洁场地	20	
总评分＝(1～5项总分)×30％		

表7.5　　　　　　　　　　　　　教 师 总 体 评 价

教师总体评价意见：

教师评分（30）	
总评分＝自我评分＋小组评分＋教师评分	
	教师签名：　　　年　月　日

任务7.5　学 习 计 数 器

PLC的计数器主要用于计数控制。程序执行时，计数器对输入端脉冲信号的上升沿进行计数，当计数值达到设定值时，计数器动作，常开触点闭合、常闭触点断开。计数器的工作过程和定时器基本相似，定时器输入端的输入信号是PLC内部产生的固定脉冲信号。

三菱FX2N系列PLC的计数器分为内部信号计数器和外部信号计数器。内部计数器用于对内部元件（如X、Y、M、S、T和C）的信号进行计数，主要有16位增计数器和32位增/减（双向）计数器两类。由于机内信号的变动频率低于扫描频率，内部计数器是低速计数器，也称普通计数器。现代PLC都具有对机外高于机器扫描频率的信号进行计数的功能，这时需用到高速计数器。计数器类型见表7.6。

表 7.6　　　　　　　　　　　　　　　　　**计 数 器 类 型**

计 数 器		点 数
内部计数器	通用型 16 位增计数器	100 点（C0～C99）
	断电保持型 16 位增计数器	100 点（C100～C199）
	通用型 32 位双向计数器	20 点（C200～C219）
	断电保持型 32 位双向计数器	15 点（C220～C234）
外部计数器	32 位高速双向计数器	21 点（C235～C255）

现将普通计数器分类介绍如下。

7.5.1　16 位增计数器

16 位增计数器可分为通用型增计数器（C0～C99，共 100 个点）和断电保持型增计数器（C100～C199，共 100 个点）。16 位指其设定值及当前值寄存器为二进制 16 位寄存器，其设定值在 K1～K32767 范围内有效。

通用型 16 位增计数器通用型 16 位增计数器在工作时，其当前值由 0 开始计数，若当前值等于设定值时，计数器动作；当 PLC 断电或从"RUN"到"STOP"时，其当前值复位为 0。

断电保持型 16 位增计数器的工作方式与通用型 16 位增计数器基本相同，只是当 PLC 断电或从"RUN"到"STOP"时，其当前值保持不变，要使其复位必须采用 RST 指令。

图 7.3 为 16 位增计数器的工作情况。梯形图中计数输入 X011 是计数器的工作条件，X011 每接通一次驱动计数器 C0 的线圈时，计数器的当前值加 1。"K10"为计数器的设定值。当第 10 次执行线圈指令时，计数器的当前值和设定值相等，触点就动作。计数器 C0 的工作对象 Y000 接通，在 C0 的常开触点置 1 后，即使计数器输入 X011 再动作，计数器的当前值状态也保持不变。

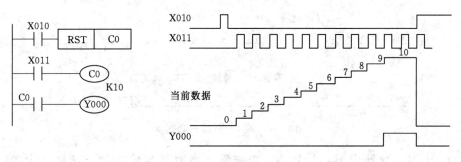

图 7.3　16 位增计数器

由于计数器的工作条件，X011 本身就是断续工作的。外电源正常时，其当前值寄存器具有记忆功能，因而即使是非掉电保持型的计数器也需复位指令才能复位。图中 X010 为复位条件。当复位输入 X010 接通时，执行 RST 指令，计数器的当前值复位为 0，输出触点也复位。

计数器的设定值除了常数（K）设定外，也可通过数据寄存器（D）间接设定。

使用计数器 C100～C199 时，即使停电，当前值和输出触点的状态也能保持。

7.5.2 32 位增/减计数器

有两种 32 位的增/减计数器，通用的 C200～C219（20 点）和掉电保持用的 C220～C234（15 点）。

32 位计数器的设定值寄存器为 32 位。由于是双向计数，32 位的首位为符号位。设定值的最大绝对值为 31 位二进制数所表示的十进制数。计数区间为 -2147483648～+2147483647。设定值可直接用常数（K）或间接用数据寄存器（D）的内容。

计数器的计数方向由特殊辅助继电器 M8200～M8234 设定，对应 C200～C234。例如，当 M8200 接通（置 1）时，C200 为减计数器；当 M8200 断开（置 0）时，C200 为增计数器。

断电保持型 32 位双向计数器断电保持型 32 位双向计数器和断电保持型 16 位增计数器一样具有断电保持的功能。

图 7.4 所示 32 位增/减计数器的工作情况。图中 X014 作为计数输入驱动 C200 线圈进行增计数或减计数。X012 为计数方向选择。计数器设定值为 -5。当计数器的当前值由 -6 增加为 -5 时，其触点置 1，由 -5 减少为 -6 时，其触点置 0。

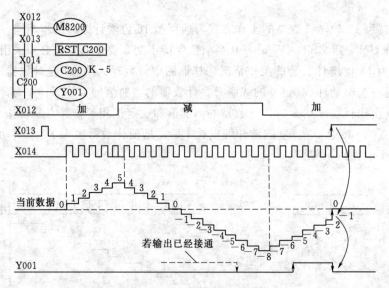

图 7.4　32 位增/减计数器

32 位增/减计数器为循环计数器。当前值的增减虽与输出触点的动作无关，但从 +2147483647 起再加 1 时，当前值就变成 -2147483648，从 -2147483648 起再减 1 时，当前值则变为 +2147483647。

当复位条件 X013 接通时，执行 RST 指令，则计数器的当前值为 0，输出触点也复位；使用掉电保持计数器，其当前值和输出触点状态皆能在掉电时保持。

32 位计数器可当作 32 位数据寄存器使用，但不能用作 16 位指令中的操作元件。

任务 7.6 学习常用子程序（二）

7.6.1 计数器时间控制程序

利用 FX2 系列 PLC 内部的特殊辅助继电器 M8011、M8012、M8013、M8014 等产生时钟脉冲信号，然后再利用计数器进行计数，也可以起到时间控制的作用。图 7.5 为计数器时间控制程序。

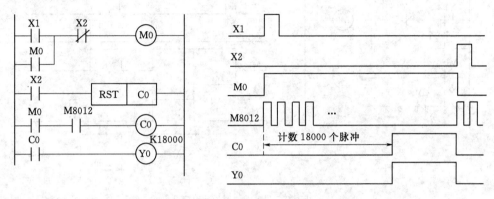

图 7.5 计数器时间控制程序

在图 7.5 中，当输入继电器 X1 闭合时，辅助继电器 M0 线圈通电，其常开触点闭合，特殊辅助继电器 M8012 产生周期为 0.1s 的连续脉冲。当计数器 C0 计满 18000 个脉冲时，计数器 C0 动作，输出继电器 Y0 工作。在此，利用计数器 C0 构成了一个 $0.1 \times 18000 = 1800s$ 的延时控制程序。

7.6.2 最大限时控制程序

系统启动后，若工作时间未达到设定的最大时间，系统可继续工作；当系统的工作时间达到设定的最大工作时间时则自动停止工作。最大限时控制程序如图 7.6 所示。

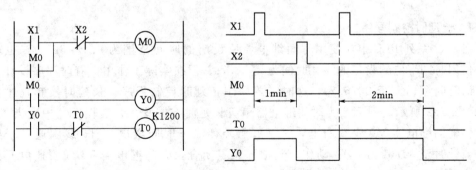

图 7.6 最大限时控制程序

图 7.6 中，当输入继电器 X1 闭合时，辅助继电器 M0 线圈通电，其常开触点闭合，输出继电器 Y0、时间继电器 T0 线圈通电，时间继电器 T0 开始计时，输出继电器 Y0 工作。若 Y0 的工作时间未达到时间继电器 T0 的设定时间（图中为 2min）而按下停止按

钮，输入继电器 X2 闭合，其常闭触点断开，则输出继电器 Y0 断开并停止工作。若 Y0 的工作时间达到时间继电器 T0 的设定时间，则输出继电器 Y0 自动停止工作。

7.6.3 最小限时控制程序

系统启动后，若工作时间未达到设定的最小时间，系统不可停止工作；当系统的工作时间达到或大于设定的最小工作时间时，系统才可停止工作。最小时限控制程序如图 7.7 所示。

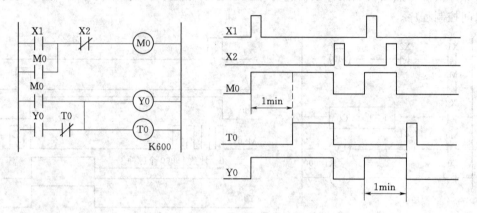

图 7.7 最小限时控制程序

在图 7.7 中，当输入继电器 X1 闭合时，辅助继电器 M0 线圈通电，其常开触点闭合，继而输出继电器 Y0、时间继电器 T0 线圈通电，T0 开始计时，Y0 开始工作。当 Y0 的工作时间未达到时间继电器 T0 所设定的时间（图中设定时间为 1min）时，若按下停止按钮，输入继电器 X2 常开触点断开，虽然辅助继电器 M0 失电，其常开触点复位断开，但 Y0 常开触点闭合自锁，因此 Y0 并不停止工作。但当 Y0 工作时间达到或大于时间继电器 T0 所设定的时间时，此时由于时间继电器 T0 已动作，其常闭触点断开，因而当按下停止按钮时，输入继电器 X2 闭合，其常闭触点断开，输出继电器 Y0 停止工作。

7.6.4 长延时控制程序

在 FX2 系列 PLC 中，使用时间继电器所设定的时间范围为 0.1～3276s，也就是说，使用时间继电器设定的最大时间为 3276.7s。但在实际工作中，有时程序设计需要设定的时间远远大于 3276.7s，这时需要采用长延时控制程序。长延时控制程序如图 7.8 和图 7.9 所示。图 7.8 为时间继电器串级长延时控制程序。在图 7.8 中，当 X1 闭合时，辅助继电器 M0 线圈通电，其常开触点闭合，时间继电器 T0 线圈通电开始计时。当计时至 3276s 时，T0 动作，其常开触点闭合，时间继电器 T1 线圈通电开始计时。当计时至 3276s 时，T1 动作，其常开触点闭合，接通输出继电器 Y0 线圈，输出继电器 Y0 动作，达到长延时控制的目的。图 7.8 中采用了两级时间继电器串级延时。第一级延时 3276s，第二级延时 3276s，其总的延时时间为 $3276×2=6552s≈109min$。同理，如果在图 7.8 中采用 n 级时间常数设置为 K32760 的时间继电器串级延时，则其延时时间为 $3276ns$。

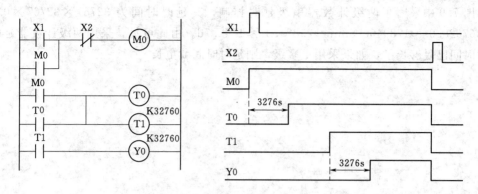

图 7.8　时间继电器串级长延时控制程序

图 7.9 为时间继电器串级长延时控制程序。在图 7.9 中，当输入继电器 X1 闭合时，辅助继电器 M0 线圈通电，其常开触点闭合，特殊辅助继电器 M8012 产生周期为 0.1s 的连续脉冲，计数器 C0 对其进行计数当计数器 C0 计数至 32767 个脉冲时 C0 动作，C0 的常开触点闭合，一方面给计数 C0 产生一个计数脉冲；另一方面给 C0 产生一个复位脉冲。C0 复位，C1 计数一次。如此不断重复进行，当 C1 计数至 32767 时 C1 动作，其常开触点闭合，输出继电器 Y0 线圈接坤，系统开始工作，达到了长延时控制的目的。

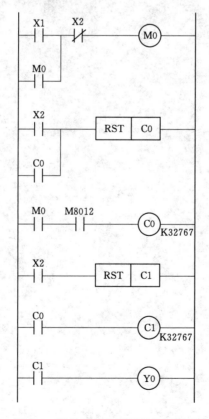

图 7.9　计数器串级长延时控制程序

图 7.9 中采用了两级计数器串级延时控制，其延时时间为 $32767 \times 32767 \times 0.1 =$ 107367628. 9s≈1789460. 5min≈29824. 3h≈1242. 7d。由此可见，采用两级计数器延时其延时时间已足够长了，如果采用更多级，则延时时间就更长。

三相异步电动机星形启动、三角形运行状态的转换控制

课时分配

建议课时：8 课时。

学习目标

(1) 掌握三菱 PLC 常用基本逻辑指令、步进顺序控制指令、辅助继电器的使用。

(2) 掌握步进顺序控制指令编程的规则、编程技巧和方法。

(3) 能安装调试 PLC 控制电动机星形-三角形减压启动控制电路。

(4) 能运行调试三相异步电动机星形启动、三角形运行状态的转换控制程序。

任务 8.1　了解三相异步电动机星形启动、三角形运行状态的转换控制要求

8.1.1　实训器材

电动机星形-三角形减压启动控制电路也是典型的电动机控制电路，任务采用 PLC 控制电动机做星形-三角形减压启动，应用 PLC 的基本指令、辅助继电器及定时器功能实现三相异步电动机星形启动、三角形运行状态的自动转换。所用实训器材见表 8.1。

表 8.1　　　　　　　　　　　　　　实训器材表

序号	名　　称	规格型号	数量	备注
1	电工常用工具		1 套	
2	指针式万用表	500 型或 MF - 47 型	1 台	
3	三菱 PLC 控制实训板		1 块	
4	交流接触器	CJX2 - 1810	1 个	
5	热继电器	JR36 - 20	1 个	
6	熔断器	RT18 - 32	1 个	
7	铝芯导线		若干	
8	三相异步电动机	JW6314 180W	1 台	

8.1.2　电动机星形-三角形减压启动原理

三相异步电动机启动时，加在电动机定子绕组上的电压为电动机的额定电压，属于全压启动，也称为直接启动。直接启动的优点是所用的电气设备少，线路简单、维修量小。但直接启动时的启动电流较大，一般为额定电流的 4～7 倍。在电源变压器容量不够大而

电动机功率较大的情况下，直接启动将导致电源变压器输出电压下降，不仅会减小电动机本身的启动转矩，而且会影响同一供电线路中其他设备的正常工作。

通常规定电源容量在 180kVA 以上，电动机容量在 7kW 以下时，三相异步电动机可采用直接启动。较大容量的电动机启动时，需要采用减压启动的方法。减压启动就是指利用启动设备将电压适当降低后，加到电动机的定子绕组上进行启动，待电动机启动运转后，再使其电压恢复到额定电压正常运转。由于电流随电压的降低而减少，所以减压启动达到了减小启动电流的目的。但是，由于电动机的转矩与电压的平方成正比，所以减压启动也将导致电动机的启动转矩大为降低。因此，减压启动需要在空载或轻载下进行。

常见的减压启动方法有定子绕组串电阻减压启动、自耦变压器减压启动、星形-三角形减压启动、延边三角形减压启动等。其中，星形-三角形减压启动方式由于使用设备较少，价格较低，应用非常广泛，常用于三相异步电动机的空载或轻载启动。

星形-三角形减压启动时，先把三相异步电动机定子绕组作星形连接，待电动机转速升高到一定值后再改接成三角形。因此，这种减压启动方法只能用于正常运行时作三角形连接的电动机。我国生产的 Y 系列、Y2 系列三相异步电动机，凡功率在 4kW 及以上者，正常运行时，都采用三角形连接。三相异步电动机星形-三角形减压启动继电-接触器控制电路如图 8.1 所示。

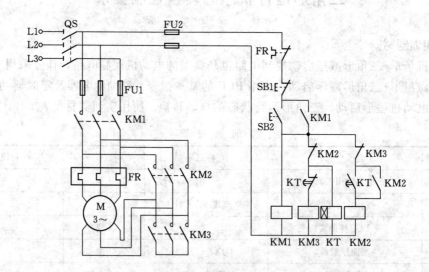

图 8.1　三相异步电动机星形-三角形减压启动继电-接触器控制电路

启动时，KM1、KM3 主触点合上，KM2 主触点断开，则电动机定子三相绕组的末端 U2、V2、W2 连成一个公共点，三相电源 L1、L2、L3 经开关 QS1 向电动机定子三相绕组的首端 U1、V1、W1 供电，电动机以星形连接启动。此时，加在每相定子绕组上的电压为电源线电压的 $1/\sqrt{3}$，即每相绕组承受 220V 相电压，启动电流较小。待电动机启动即将结束时 KM1、KM2 主触点合上、KM3 主触点断开，电动机定子三相绕组接成三角形连接，这时加在电动机每相绕组上的电压即为线电压，每相绕组承受 380V 线电压，电动机正常运行。

8.1.3　控制要求

图 8.1 是三相异步电动机星形-三角形减压启动继电-接触器控制电路。SB2 是启动按钮，SB1 是停止按钮。按照电动机的控制要求，当按下启动按钮 SB2 时，交流接触器 KM1 线圈得电并自锁，同时启动用接触器 KM3 线圈、时间继电器 KT 线圈得电，电动机星形连接启动；开始转动 5s 后，KT 延时到达，则 KT 的延时断开触点断开，KM3 线圈失电，星形启动结束；同时，KT 延时闭合触点闭合，接触器 KM2 线圈得电并自锁，电动机以三角形连接正常运行。当按下停止按钮 SB1 或热继电器 FR 动作时，电动机停止运行。

任务 8.2　设计三相异步电动机星形启动、三角形运行状态的转换控制程序

三相异步电动机星形-三角形减压启动控制 I/O 点分配见表 8.2。

表 8.2　　　　　三相异步电动机星形-三角形减压启动控制 I/O 点分配表

输入信号			输出信号		
名称	代号	输入点编号	名称	代号	输入点编号
停止按钮	SB1	X0	中间继电器	K1	Y0（主回路电源控制）
启动按钮	SB2	X1	中间继电器	K2	Y1（星形启动控制）
			中间继电器	K3	Y2（三角形运行控制）

三相异步电动机星形-三角形减压启动控制程序可按图 8.2、图 8.3 实现控制要求。

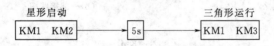

图 8.2　三相异步电动机星形-三角形减压启动控制图

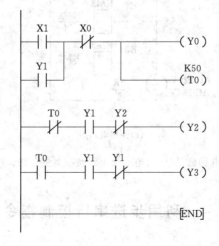

图 8.3　三相异步电动机星形-三角形减压启动控制梯形图

任务 8.3　连接主电路、PLC 外部电路

安装电器元件，连接三相异步电动机星形-三角形减压启动控制主电路、PLC 外部接线如图 8.4 所示。

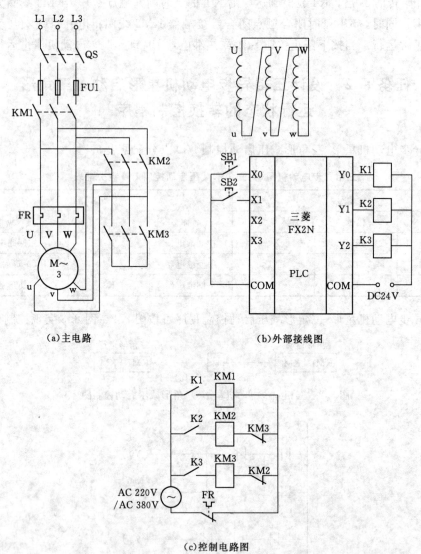

（a）主电路　　　　　　　（b）外部接线图

（c）控制电路图

图 8.4　三相异步电动机星形-三角形减压启动控制主电路、PLC 外部接线图

任务 8.4　利用步进串行控制指令编程

图 8.5、图 8.6 中，当 PLC 通电时，M8002 接通一个扫描周期，步进程序进入初始状态 S2，将主电路电源控制 Y1 复位并等待启动。当按下启动按钮 X1 后，步进程序从状

态 S2 转移到 S20，此时置位接通 Y1 驱动主电路电源连接，同时 Y2 接通，电动机星形启动，延时时间继电器 T0 开始计时；5s 后，T0 动合触点接通，状态转移到 S21，Y2 在转至下一步时自动复位，星形启动结束，同时 Y3 接通，驱动电动机三角形运行。当电动机需停止运行时，只需按下停止按钮 X0，步进程序自动转移到初始状态，并将从星形启动到三角形运行的主电路电源控制 Y1 复位，如再次按下启动按钮 X1，电动机将再次启动。

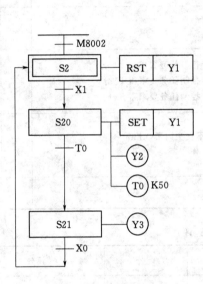

图 8.5　星形-三角形减压启动控制
状态流程图

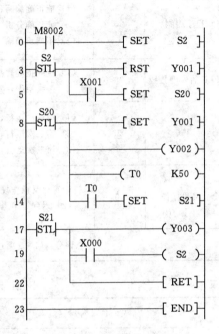

图 8.6　步进控制梯形图

任务 8.5　运行调试 PLC 控制程序

（1）在断电状态下，连接好 PLC 与计算机的通信电缆。

（2）将 PLC 运行模式选择开关拨到"STOP"位置，此时 PLC 处于停止状态，可以进行程序编写。

（3）执行在线"PLC 写入"，将程序文件下载到 PLC 中。

（4）将 PLC 运行模式选择开关拨到"RUN"位置，使 PLC 进入运行状态。

（5）单击菜单栏"在线监视模式"，监控运行中各输入、输出元器件通断状况。

（6）分别按下开始按钮 SB1、停止按钮 SB2，对程序进行调试运行，观察程序运行情况。若出故障，应分别检查硬件电路接线和梯形图是否有误，修改后，应重新调试，直至系统按要求正常工作。

（7）项目评价见表 8.3～表 8.5。

表 8.3　　　　　　　　　　自 我 评 价（自 评）

项目内容	配分	评 分 标 准	扣分	得分
实训报告	20	内容包含：①项目名称；②控制任务；③PLC 的 I/O 点分配表；④梯形图；⑤PLC 外围接线图；⑥实训项目主要器材；⑦本人姓名及小组成员名单		
PLC 程序编制	20	（1）能正确编写程序，出现一个错误扣 2 分。 （2）能正确分析工作过程，出现一个错误扣 2 分。 （3）不能正确输入，每个错误扣 2 分。		
连接 PLC 的外围接线	30	（1）接线正确规范，得 20 分。 （2）接线错误，每处扣 3～5 分		
运行调试	20	（1）第一次运行，结果符合控制任务要求得 20 分。 （2）第二次运行，结果符合控制任务要求得 10 分。 （3）第三次运行，结果符合控制任务要求得 5 分		
安全、文明操作	10	（1）违反操作规程，产生不安全因素，扣 2～7 分。 （2）迟到、早退，扣 2～7 分		
总评分＝(1～5 项总分)×40%				

表 8.4　　　　　　　　　　小 组 评 价（互 评）

项 目 内 容	配分	评分
实训记录与自我评价情况	20	
对实训室规章制度的学习与掌握情况	20	
相互帮助与沟通协作能力	20	
安全、质量意识与责任心	20	
能否主动参与整理工具、器材与清洁场地	20	
总评分＝(1～5 项总分)×30%		

表 8.5　　　　　　　　　　教 师 总 体 评 价

教师总体评价意见：

教师评分（30）	
总评分＝自我评分＋小组评分＋教师评分	

教师签名：　　　年　月　日

任务 8.6 学习步进顺序控制指令

8.6.1 顺序控制编程思想

顺序功能图（SFC）也称为状态转移图，是国际电工委员会（IEC）推荐的 PLC 编程语言之一，在顺序控制类程序的编制中获得了广泛的应用。使用经验法及基本指令编制的程序存在以下一些问题：

（1）工艺动作表达烦琐。

（2）梯形图涉及的连锁关系较复杂，处理起来较麻烦。

（3）梯形图可读性差，很难从梯形图看出具体控制工艺过程。

因此需要一种易于构思、易于理解的图形程序设计工具。它应有流程图的直观，又有利于复杂控制逻辑关系的分解与综合。这种图就是状态转移图。为了说明状态转移图，以星形-三角形减压启动运行过程为例来说明顺序控制过程，其顺序控制流程图如图 8.7 所示。按下启动按钮后，电动机以星形启动，启动 5s 后，电动机自动转为三角形正常运行。各个工作步骤用工序表示，并依工作顺序将工序连接成图，这就是步序图，状态转移图的雏形。

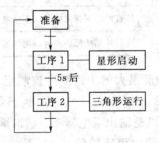

图 8.7 顺序控制流程图

由图 8.7 可见，每个方框表示一步工序，方框之间用带箭头的统一线段相连，箭头方向表示工序转移的方向。按生产工作过程，将转移条件写在线段旁边，若满足转移条件，则上一步工序完成，下一步工序开始。顺序控制流程图具有以下特点：

（1）复杂的控制任务或工作过程分解成了若干个工序，也称为"步"。

（2）每个工序的方框右边都用水平线连接了本工序的任务，各工序的任务明确而具体。

（3）各工序间都用竖线表示工序的承接关系，竖线称为"有向线段"，各工序间的联系清楚。

（4）连接两工序间的竖线上用短横线标示了工序转换的条件，短横线称为"开关"，序间的转换条件直观。

这种图很容易理解，可读性很强，能清晰地反映整个控制过程，能带给编程人员清晰的编程思路。其实，将图中的"工序"更换为"状态"，就得到了电动机星形-三角形减压启动运行控制的状态转移图。

状态转移图虽然是 IEC 推荐的编程语言，但只有少数 PLC 的开发商将它列入编程软件功能。也就是说目前只有少数 PLC 系列的编程软件能将顺序功能图直接转换为机器码。FX 系列 PLC 为状态编程所做的安排是提供专用的状态元件及步进顺控指令。在将顺序功能图转绘为梯形图后才能下载到 PLC。

鉴于以上情况，状态编程的一般思想为：将一个复杂的控制过程分解为若干个工作状态，明确各状态的任务、状态转移条件和转移方向，再依据总的控制顺序，将这些状态组合形成状态转移图，最后依一定的规则将状态转移图转绘为梯形图程序。

8.6.2　状态元件及步进顺控指令

FX2N 系列 PLC 的状态元件见表 8.6。状态继电器用"S"表示，在表 8.6 所列范围内取值，具有位元件的所有特征，也可作为辅助继电器在程序中使用。

表 8.6　　　　　　　　　　FX2N 系列 PLC 的状态元件类型

序号	分类	状态元件序号	说　明
1	初始状态	S0～S9	步进程序开始使用
2	回原点状态	S10～S19	系统返回原始位置时使用
3	通用状态	S20～S499	实现顺序控制的各个工步时使用
4	断电保持状态	S500～S899	具有断电保持功能，用于停电恢复后需继续执行停电前状态的场合
5	信号报警状态	S900～S999	进行外部故障诊断时，用作报警元件使用

FX2N 系列的 PLC 有两条功能强大的步进顺序控制指令，简称步进指令，见表 8.7。表中梯形图符号栏中用类似于常开接点的符号表示状态器的接点，称为步进接点指令（STL），该状态所驱动的负载可以是输出继电器 Y、辅助继电器 M、定时器 T 和计数器 C 等。另有步进返回指令表示状态编程程序段的结束。FX2N 系列 PLC 步进指令只有上述两条，但步进程序中连续状态的转移需用 SET 指令完成，因此 SET 指令在步进程序中必不可少。

表 8.7　　　　　　　　　　　　步 进 顺 序 控 制 指 令

指令助记符、名称	功　能	梯形图符号	程序步
STL 步进接点指令	用于步进节点驱动，并将母线移至步进节点之后（用空心框线绘出以便与普通常开触点区别）	─┤├─○	1
RET 步进返回指令	用于步进程序结束返回，将母线恢复原位	─[RET]	1

步进顺控指令编程的重点是弄清状态转移图与状态梯形图间的对应关系，并掌握步进指令编程的规则。图 8.8 为状态转移图与状态梯形图对照。从图中不难看出，转移图中的一个状态在梯形图中用一条步进接点指令表示，使每一个状态程序成为相对独立的程序段。STL 指令的意义为"激活"某个状态，在梯形图上体现为主母线上引出的常开状态

触点。该触点有类似于主控触点的功能，该触点后的所有操作均受这个常开触点的控制。"激活"的另一层意思是采用 STL 指令编程的梯形图区间，只有被激活的程序段才被扫描执行，而且在状态转移图的一个单流程中，一次只有一个状态被激活。而且规定被激活的状态有自动关闭激活它的前个状态的能力。这样就形成了状态程序段间的隔离，使编程者在考虑某个状态的工作任务时，不必考虑状态间的连锁。而且当某个状态被关闭时，该状态中以 OUT 指令驱动的输出全部停止，这也使在状态编程区域的不同的状态中使用同一个线圈输出成为可能（并不是所有的 PLC 厂商的产品都是这样）。

8.6.3　状态程序三要素

使用 STL 指令编绘的状态梯形图和状态转移图一样，还有个特点是每个状态的程序表述十分规范。分析图 8.8 中一个状态程序段不难看出每个状态程序段都由以下三要素构成。

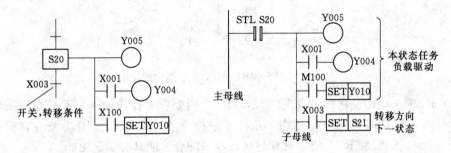

图 8.8　状态转移图与状态梯形图对照

1. 负载驱动

负载驱动（工作任务）即本状态做什么。如图 8.8 中 OUT Y005、输入 X001 接通后的 OUT Y004 及 M100 接通后的 SET Y010。表达本状态的工作任务（输出）时可以使用 OUT 指令也可以使用 SET 指令。它们的区别是 OUT 指令驱动的输出在本状态关闭后自动关闭，使用 SET 指令驱动的输出可保持到后序状态或状态程序段外直到使用 RST 指令使其复位。

2. 转移条件

转移条件即满足什么条件实行状态转移。如图 8.8 中 X003 接点接通时，执行 SET S21 指令，实现状态转移。但在发生流程的跳跃及回转等情况时，转移应使用 OUT 指令。

3. 转移方向

转移方向即转移到什么状态去。如图 8.8 中 SET S21 指令指明下一个状态为 S21。S21 是在状态转移图中与 S20 直接相连接的状态。

STL 指令编程顺序要按先任务再转移的方式编程，顺序不得颠倒。

8.6.4　状态指令使用注意事项

（1）STL 指令的使用步进触点只有动合触点，没有动断触点。步进触点接通，需要用 SET 指令进行置位。步进触点闭合，其作用如同主控触点闭合一样，将左母线移到新的临时位置，即移到步进触点右边，相当于副母线。这时，与步进触点相连的逻辑行开始执行。可以采用基本指令写出指令语句表，STL 触点可直接驱动或通过别的触点驱动 Y、M、S、T 等元件的线圈。与副母线相连的触点可以采用 LD 指令或者 LDI 指令。只有执行完 RET 后才返回左侧母线。

（2）STL 步进接点指令有建立子（新）母线的功能，其后的输出及状态转移操作都在子母线上进行。栈操作指令 MPS/MRD/MPP 在状态内不能直接与步进接点指令后的新母线连接，应接在 LD 或 LDI 指令之后，如图 8.9 所示。此外，厂家建议最好不要在 STL 指令内使用跳转指令。在中断程序和子程序内，不能使用 STL 指令。需要多重输出时，要在 LD、LDI 指令后采用 MPS、MRD、MPP 指令，如图 8.9 所示。

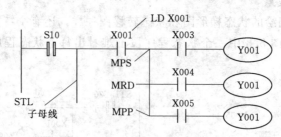

图 8.9　MPS/MRD/MPP 在状态内的使用

（3）RET 指令的使用如图 9.23 所示。RET 指令没有操作元件。不必在每条步进指令后面都加一条 RET 指令，只需在一系列步进指令的最后接一条 RET 指令，但必须要有 RET 指令。STL 和 RET 指令只有与状态器 S 配合才能具有步进功能。

（4）在一个较长的程序中可能有状态程序段及非状态编程程序段。程序进入状态编程区间可以使用 M8002 作为进入初始状态的信号。在状态编程段转入非状态程序段时必须使用 RET 指令。该指令的含义是从 STL 指令建立的子（新）母线返回到梯形图的原母线上去。

（5）状态继电器的 S0～S999 只有在使用 SET 指令以后才具有步进控制功能，提供步进触点。同时，状态继电器还可提供普通的动合触点和动断触点。状态继电器也可以作为普通的辅助继电器使用，功能与辅助继电器完全相同，但这时其不提供步进触点。在为程序安排状态继电器时，要注意状态继电器的分类功用，初始状态要从 S0～S9 中选择，S10～S19 是为需设置动作原位的控制安排的，在不需设置原位的控制中不要使用。

（6）由于 PLC 只执行活动步对应的电路块，所以使用 STL 指令时允许双线圈输出（顺序控制程序在不同的步可多次驱动同一线圈）。但在同一步中，所使用的输出继电器、内部继电器、定时器、计数器等都不能够出现重复的编号，否则程序按出错处理。允许同一编程元件的线圈在不同的 STL 接点后多次使用。但要注意，同一定时器不要用在相邻的状态中。在同一程序段中，同一状态的继电器也只能使用一次。

8.6.5　顺序控制类型

控制任务较为简单时，只有一个流动路径，称为单流程转移图。针对复杂的控制任务绘转移图时可能存在多种需依一定条件选择的分支路径，或者存在几个需同时进行的并行过程。为了编制这类程序，顺序控制编程法将多分支、汇合转移图规范为选择性分支汇合及并行性分支汇合两种典型形式，并提出了它们的编程表达原则。

1. 单流程顺序控制

单流程顺序控制程序所控制的流程是单一的。例如，对于三相异步电动机星形-三角形降压启动控制来说，如果采用顺序控制，其控制程序就是一个单流程控制程序，具体步骤如下：①按下启动按钮 SB1，电动机接成星形接法降压启动，经过一定的时间后，电动机接成三角形接法运转；②按下停止按钮 SB2，电动机停止运转，设接触器 KM 为电源接通接触器，KMY 为电动机接成星形接法降压启动接触器，KM△为电动机接成三角形接法全压运转接触器。其控制顺序为：停止状态→按启动按钮 SB1→KM 得电→KMY 得电（电动机星形接法降压启动）→时间继电器 KT 通电延时（并经过一定的时间后）→KMY 失电→KM△得电（电动机全压运转）→按停止按钮 SB2→电动机停止运转。

电动机星形-三角形降压启动控制状态流程图如图 8.10 所示。三相异步电动机星形-三角形减压启动控制 I/O 点分配表见表 8.8。三相异步电动机星形-三角形降压启动单流程顺序控制梯形图如图 8.11 所示。

表 8.8　　　　　　　三相异步电动机星形-三角形减压启动控制 I/O 点分配表

输　入　信　号			输　出　信　号		
名称	代号	输入点编号	名称	代号	输出点编号
启动按钮	SB1	X1	电源 KM	K1	Y0（主回路电源控制）
停止按钮	SB2	X2	KMY	K2	Y1（星形启动控制）
			KM△	K3	Y2（三角形运行控制）

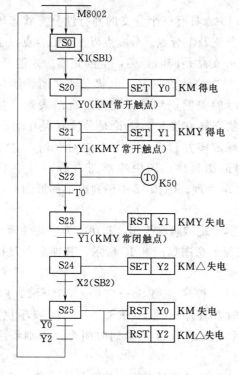

图 8.10　电动机星形-三角形降压启动
控制状态流程图

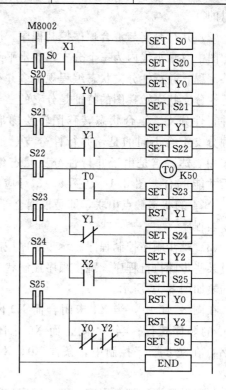

图 8.11　电动机星形-三角形降压启动单流程
顺序控制梯形图

2. 多流程顺序控制

多流程顺序控制分为选择性分支与汇合顺序控制、并行分支与汇合顺序控制、跳步顺序控制及循环顺序控制。

（1）选择性分支与汇合顺序控制程序。所谓选择性分支与汇合顺序控制，是指在多个流程顺序控制中，如果 A 条件符合，则控制程序按 A 流程进行；如果 B 条件符合，则控制程序按 B 流程进行，……任何时刻只能有一个条件符合。但不管按哪个流程进行，最后的流程应汇合在一起。

1）选择性分支状态转移图的特征。图 8.12（a）为具有三个分支的选择性分支状态转移图。图中分支点 A 以上及汇合点 B 以下为公共流程。分支点及汇合点间有三个分支。选择性分支状态编程规定多选择性分支中每次只能有一个分支被开通。选择性分支状态转移图的特征是分支的选择"开关"在分支上。

2）由状态转移图转绘梯形图除了遵守状态三要素的表达顺序外，由选择性分支、汇合状态转移图转绘梯形图时，关键的是分支与汇合的表达。简单的处理方法是，分支与汇合都集中表达。图 8.12 对应的梯形图，分支是在状态 S20 中集中表达的。汇合是在程序末集中表达的。也就是说在状态 S22、S32、S42 的梯形图段落中，不包括状态转移有关的内容。另外要注意的是，每个表达转移的梯形图支路都由相应的状态开关开始，这是强调转移必须在相应状态激活的前提下进行。由于选择性分支每次只能有一个分支被选择，汇合不集中在程序后，而是分散在各汇合前状态中与状态的任务一起表达也是可以的。

（2）并行分支与汇合顺序控制程序。图 8.13 为具有三个分支的并行性分支状态转移图。图中双水平线内为三个分支；双水平线为分支及汇合点。分支点以上，汇合点以下为公共流程。并行性分支状态编程规定多并行性分支总是同时开通，全部完成后才能汇合。并行性分支状态转移图的特征是分支的"开关"在公共流程上。由状态转移图转绘梯形图并行性分支、汇合状态转移图转绘梯形图时的关键仍然是分支与汇合的表达。与选择性分支汇合不同的是，并行性分支、汇合状态转移图中，无论是分支还是汇合都必须集中表达。这是由于并行性分支状态编程规定多并行性分支总是同时开通，全部完成后才能汇合。图 8.14 是图 8.13 对应的梯形图程序。图中梯形图最后一行中 S22、S23、S24 的状态触点串联，即是根据全部的要求处理。图 8.13 中还列出了梯形图对应的指令表程序。

（3）跳步顺序控制程序。跳步顺序控制也称为跳转顺序控制，其功能为当条件满足时跳过某些步骤执行程序。跳步顺序控制状态流程示意图如图 8.15 所示，其梯形图及指令语句表如图 8.16 所示。

在图 8.15 中，当 X4 未闭合而 X0 闭合时，程序按照 S0→S20→S21→S22→S23 →S0 的顺序执行；当 X4 闭合而 X0 未闭合时，程序按照 S0→S23→S0 的顺序执行。显然，在跳步顺序控制中，条件 X0、X1、X2、X3 与 X4 不能同时闭合，否则程序会出错。

（4）循环顺序控制程序。循环顺序控制是指当条件满足时循环执行某段程序，其状态流程示意图如图 8.17 所示，梯形图如图 8.18 所示。

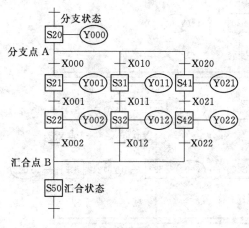

（a）转移图

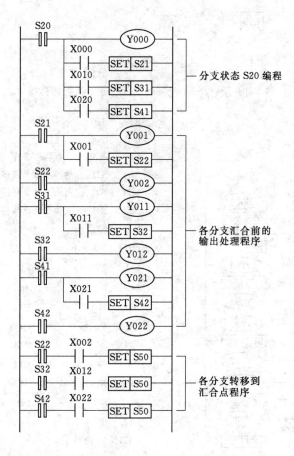

（b）梯形图

图 8.12 具有三个分支的选择性分支状态图

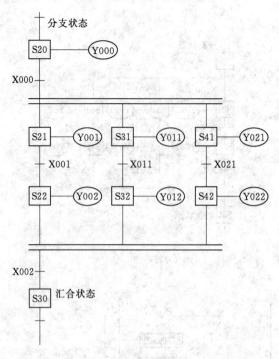

图 8.13　具有三个分支的并行性分支状态转移图

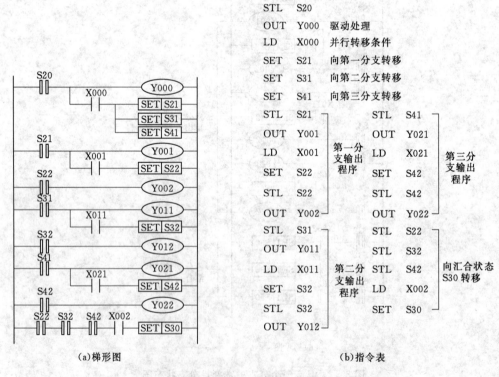

　　(a)梯形图　　　　　　　　　　　　　　　(b)指令表

图 8.14　具有三个分支的并行性分支梯形图、指令表程序

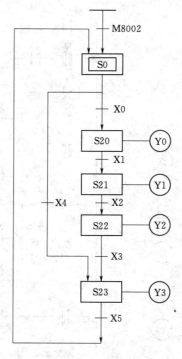

图 8.15　跳步顺序控制状态流程示意图

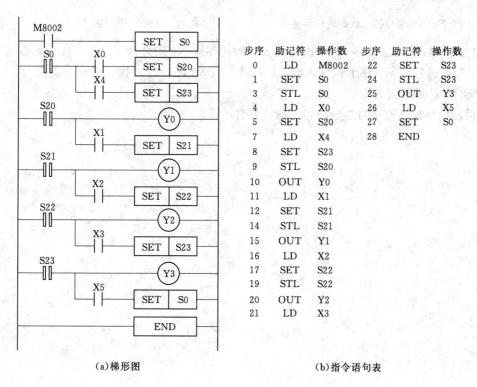

步序	助记符	操作数	步序	助记符	操作数
0	LD	M8002	22	SET	S23
1	SET	S0	24	STL	S23
3	STL	S0	25	OUT	Y3
4	LD	X0	26	LD	X5
5	SET	S20	27	SET	S0
7	LD	X4	28	END	
8	SET	S23			
9	STL	S20			
10	OUT	Y0			
11	LD	X1			
12	SET	S21			
14	STL	S21			
15	OUT	Y1			
16	LD	X2			
17	SET	S22			
19	STL	S22			
20	OUT	Y2			
21	LD	X3			

(a)梯形图　　　　　　　　　　　　(b)指令语句表

图 8.16　跳步顺序控制梯形图及指令语句表

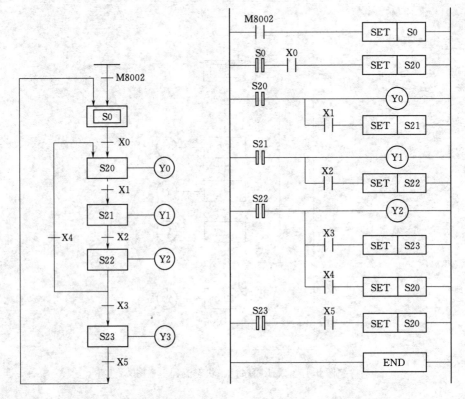

图 8.17　循环顺序控制状态流程示意图　　　图 8.18　循环顺序控制梯形图

在图 8.17 中，当程序从 S0 执行到 S22 时，如果 X4 闭合而 X3 未闭合，则程序又返回到 S20，然后从 S20 往下执行；当 X4 未闭合而 X3 闭合时，程序按正常的顺序一直执行到 S23，然后回到 S0。

循环顺序控制程序的指令语句表请读者自己思考写出。

应用触摸屏与 PLC 实现电动机正反转

课时分配

建议课时：8 课时。

学习目标

（1）了解触摸屏控制系统的配置、连接和设定方法，掌握触摸屏的简单应用。

（2）熟悉 MCGS 嵌入版组态软件的使用，掌握图形、对象的操作和属性的设置。

（3）会根据任务要求，熟练地使用 MCGS 嵌入版组态软件编制触摸屏程序，并把程序写入触摸屏与 PLC 进行联机调试运行。

（4）能使用触摸屏与 PLC 连接控制设备及监控设备的运行情况。

（5）能运用 PLC、触摸屏进行综合控制，解决实际工程问题。

进行本项目首先要掌握触摸屏的应用，触摸屏（touch screen）又称为"触控屏""触控面板"，是一种可接收触点等输入信号的感应式液晶显示装置，当接触了屏幕上的图形按钮时，屏幕上的触觉反馈系统可根据预先编程的程式驱动各种连接装置，可用以取代机械式的按钮面板，并借由液晶显示画面制造出生动的影音效果。触摸屏作为一种最新的工业控制输入、显示设备，由于具有简单、方便、自然的人机交互方式，正被广泛使用。

工业触摸屏主要使用西门子、三菱、昆仑通态等品牌，我们将选取具有代表性的北京昆仑通态公司生产的 TPC7062K 嵌入式一体化触摸屏和 MCGS 嵌入版组态软件进行系统学习。

任务 9.1 认识 TPC7062K 嵌入式一体化触摸屏及 MCGS 嵌入版组态软件

9.1.1 认识 TPC7062K 嵌入式一体化触摸屏

TPC7062K 嵌入式一体化触摸屏，采用 7″宽屏高清显示，内核采用 ARM9、内存为 64M、提供 64M 存储空间，外观如图 9.1。

1. TPC7062K 外部接口

（1）接口说明。TPC7062K 外部接口如图 9.2 所示。

（2）电源接线。电源插头示意图及引脚定义如图 9.3 所示。

（3）串口引脚定义。串口引脚示意图及引脚定义如图 9.4 所示。

（4）串口扩展设置。COM2 口 RS485 终端匹配电阻跳线设置说明如图 9.5 所示。

跳线设置步骤如下：

步骤 1：关闭电源，取下产品后盖。

(a)正视图　　　　　　　　　　　　　(b)背视图

图 9.1　TPC7062K 嵌入式一体化触摸屏外形

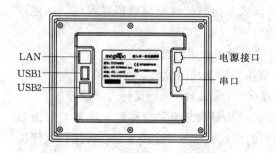

项目	TPC7062K
LAN(RJ45)	以太网接口
串口(DB9)	1×RS232,1×RS485
USB1	主口,USB1.1 兼容
USB2	从口,用于下载工程
电源接口	24VDC±20%

图 9.2　TPC7062K 外部接口

⚠ 仅限 24VDC! 建议电源的输出功率为 15W。

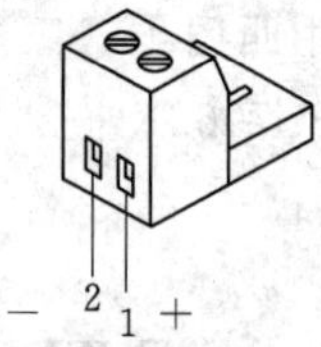

PIN	定义
1	＋
2	－

图 9.3　电源插头示意图及引脚定义

接口	PIN	引脚定义
COM1	2	RS232 RXD
	3	RS232 TXD
	5	GND
COM2	7	RS485＋
	8	RS485－

图 9.4　串口引脚示意图及引脚定义

步骤 2：根据所需使用的 RS485 终端匹配电阻需求设置跳线开关。

步骤 3：盖上后盖。

步骤 4：开机后相应的设置生效。

建议该触摸屏默认设置无匹配电阻模式，当 RS485 通信距离大于 20m，且出现通信

图 9.5　COM2 口 RS485 终端匹配电阻跳线设置

干扰现象时，才考虑对终端匹配电阻进行设置。

2. TPC7062K 触摸屏启动

使用 24V 直流电源给 TPC 供电，开机启动后屏幕出现"正在启动"提示进度条，此时不需要任何操作系统将自动进入工程运行界面如图 9.6 所示。

图 9.6　TPC7062K 触摸屏开机启动

9.1.2　MCGS 嵌入版组态软件简介

MCGS 嵌入版组态软件是昆仑通态公司专门开发用于 MCGS TPC 的组态软件，该软件具有简单灵活的可视化中文操作界面，符合中国人的使用习惯和要求。实时性强、有良好的并行处理性能，采用 32 位系统，以线程为单位对任务进行分时并行处理。具有丰富、生动的多媒体画面，可以图像、图符、报表、曲线等多种表现形式，为操作员及时提供相关信息。

MCGS 嵌入版组态软件主要完成现场数据的采集与监测、前端数据的处理与控制。同时，与其他相关的硬件设备结合，可以快速、方便地开发各种用于现场采集、数据处理和控制的设备。如可以灵活组态各种智能仪表、数据采集模块，无纸记录仪、无人值守的现场采集站、人机界面等专用设备，同时，具有操作简单、易学易用的特点。

1. MCGS 嵌入版组态软件的组成

MCGS 嵌入版生成的用户应用系统，由主控窗口、设备窗口、用户窗口、实时数据库和运行策略五个部分构成，如图 9.7 所示。

（1）主控窗口构造了应用系统的主框架。主控窗口确定了工业控制中工程作业的总体轮廓，以及运行流程、特性参数和启动特性等项内容，是应用系统的主框架。

（2）设备窗口是 MCGS 嵌入版系统与外部设备联系的媒介。设备窗口专门用来放置不同类型和功能的设备构件，实现对外部设备的操作和控制。设备窗口通过设备构件把外部设备的数据采集进来，送入实时数据库，或把实时数据库中的数据输出到外部设备。

（3）用户窗口实现了数据和流程的"可视化"。用户窗口中可以放置三种不同类型的图形对象：图元、图符和动画构件。通过在用户窗口内放置不同的图形对象，用户可以构

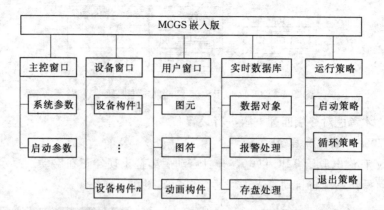

图 9.7　MCGS 嵌入版生成的用户应用系统构成

造各种复杂的图形界面，用不同的方式实现数据和流程的"可视化"。

（4）实时数据库是 MCGS 嵌入版系统的核心。实时数据库相当于一个数据处理中心，同时也起到公共数据交换区的作用。从外部设备采集来的实时数据送入实时数据库，系统其他部分操作的数据也来自于实时数据库。

（5）运行策略是对系统运行流程实现有效控制的手段。运行策略本身是系统提供的一个框架，其里面放置由策略条件构件和策略构件组成的"策略行"，通过对运行策略的定义，使系统能够按照设定的顺序和条件操作任务，实现对外部设备工作过程的精确控制。

2. TPC7062K 与组态计算机的连接

嵌入式组态软件的运行环境是一个独立的运行系统，它按照组态工程中用户指定的方式进行各种处理，完成用户组态设计的目标和功能。运行环境本身没有任何意义，必须与组态工程一起作为一个整体，才能构成用户应用系统。一旦组态工作完成，并且将组态好的工程通过 USB 口下载到嵌入式一体化触摸屏的运行环境中，组态工程就可以离开组态环境而独立运行在 TPC 上。从而实现了控制系统的可靠性、实时性、确定性和安全性。TPC7062K 与组态计算机连接如图 9.8 所示。

图 9.8　TPC7062K 与组态计算机连接

9.1.3　软件安装与工程下载

我们先来安装软件，学习如何把工程下载到触摸屏中，大家可以把光盘中的样例工程下载到触摸屏中看一下运行效果。

1. 安装 MCGS 嵌入版组态软件

MCGS 嵌入版只有一张安装光盘，具体安装步骤如下：

（1）启动 Windows，在相应的驱动器中插入光盘。

（2）插入光盘后，从 Windows 的光驱驱动器运行光盘中的 Autorun. exe 文件，MCGS 安装程序窗口如图 9.9 所示。

图 9.9 MCGS 安装程序窗口

在安装程序窗口中单击"安装组态软件"，弹出安装程序窗口，如图 9.10 所示。单击"下一步"按钮，启动安装程序。

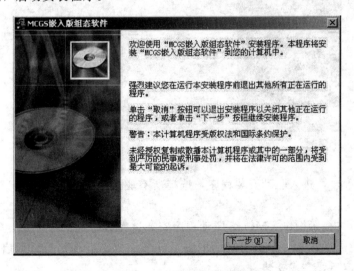

图 9.10 MCGS 安装程序窗口

按提示步骤操作，随后，安装程序将提示指定安装目录，用户不指定时，系统默认安装到 D:\MCGSE 目录下，建议使用默认目录，如图 9.11 所示，系统安装大约需要几分钟。

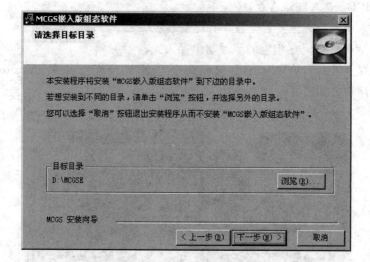

图 9.11　MCGS 安装程序窗口

MCGS 嵌入版主程序安装完成后，继续安装设备驱动，单击"是"，如图 9.12 所示。

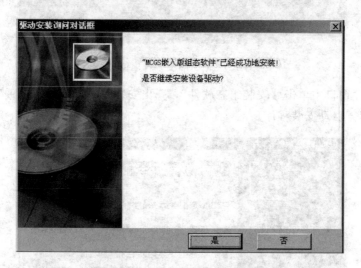

图 9.12　MCGS 设备驱动安装窗口

单击"下一步"，进入驱动安装程序，选择所有驱动，单击"下一步"进行安装，如图 9.13 所示。

选择好后，按提示操作，MCGS 驱动程序安装过程大约需要几分钟。

安装过程完成后，系统将弹出对话框提示安装完成，提示是否重新启动计算机（图 9.14），选择重启后，完成安装。

安装完成后，Windows 操作系统的桌面上添加了如图 9.15 所示的两个快捷方式图标，分别用于启动 MCGS 嵌入式组态环境和模拟运行环境。

同时，Windows 在"开始"菜单中也添加了相应的 MCGS 嵌入版组态软件程序组，此程序组包括五项内容：MCGSE 组态环境、MCGSE 模拟环境、MCGSE 自述文件、MCGSE

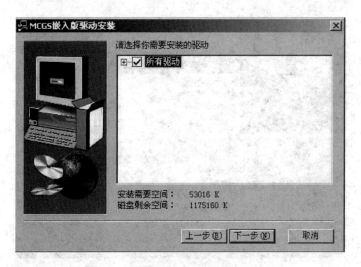

图 9.13   MCGS 设备驱动安装窗口

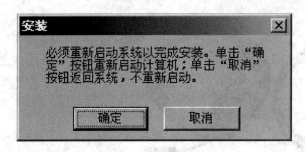

图 9.14   安装完成   图 9.15   安装完成后桌面图标

电子文档以及卸载 MCGS 嵌入版。MCGSE 组态环境是嵌入版的组态环境；MCGSE 模拟环境是嵌入版的模拟运行环境；MCGSE 自述文件描述了软件发行时的最后信息；MCGSE 电子文档则包含了有关 MCGS 嵌入版最新的帮助信息，如图 9.16 所示。

在系统安装完成以后，在用户指定的目录下（或者是默认目录 D:\MCGSE），存在三个子文件夹：Program、Samples、Work。Program 子文件夹中，可以看到 Mcgs-SetE. exe、CEEMU. exe 以及 MCGSCE. X86、MCGSCE. ARMV4 两个应用程序。Mcgs-SetE. exe 是运行嵌入版组态环境的应用程序；CEEMU. exe 是运行模拟运行环境的应用程序；MCGSCE. X86 和 MCGSCE. ARMV4 是嵌入版运行环境的执行程序，分别对应 X86 类型的 CPU 和 ARM 类型的 CPU，通过组态环境中的下载对话框的高级功能下载到下位机中运行，是下位机中实际运行环境的应用程序。样例工程在 Samples 中，用户自己组态的工程将默认保存在 Work 中。

2. 连接 TPC7062K 和 PC 机

人机界面中 USB1 口用来连接鼠标和 U 盘等，USB2 口用作工程项目下载，COM（RS232）用来连接 PLC。普通的 USB－TPC 下载通信线，一端为扁平接口，插到电脑的 USB 口；另一端为微型接口，插到 TPC 端的 USB2 口。下载线如图 9.17 所示。通信设置见表 9.1。

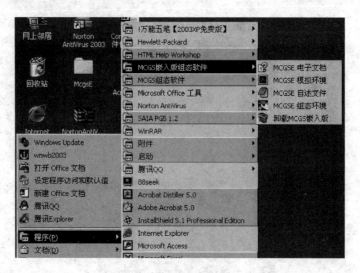

图 9.16　MCGS嵌入版组态软件程序组

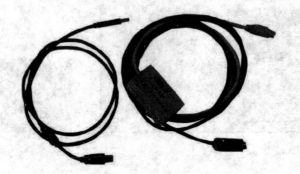

图 9.17　连接 TPC7062K 和 PC 机的下载线

表 9.1　　　　　　　　　　　　　　通 信 设 置

参数项	推荐设置	可选设置	注意项
PLC 类型	FX2N-32MR		
串口端口号	COM1		
通信类型	RS232	RS232/RS485	
数据位	7	7/8	必须与 PLC 通信口设定一致
停止位	1	1/2	必须与 PLC 通信口设定一致
波特率	9600	9600/19200/38400/57600/115200	必须与 PLC 通信口设定一致
校验	偶校验	无/奇校验/偶校验	必须与 PLC 通信口设定一致

3. 工程下载

单击工具条中的下载 按钮，进行下载配置。选择"连机运行"，连接方式选择"USB通信"，然后单击"通信测试"按钮，通信测试正常后，单击"工程下载"，如图 9.18 所示。

图 9.18　工程下载

9.1.4　触摸屏设备组态软件界面制作

为了通过触摸屏设备操作机器或系统，必须给触摸屏设备组态用户界面，该过程称为组态阶段。系统组态就是通过 PLC 以"变量"方式进行操作单元与机械设备或过程之间的通信。变量值写入 PLC 上的存储区域（地址），由操作单元从该区域读取。运行 MCGS 嵌入版组态环境软件，在出现的界面上，单击"文件"→"新建工程"命令，弹出如图 9.19 所示的界面。MCGS 嵌入版用"工作台"窗口来管理构成用户应用系统的五个部分，工作台上的五个标签：主控窗口、设备窗口、用户窗口、实时数据库和运行策略，对应于五个不同的窗口页面，每一个页面负责管理用户应用系统的一个部分，用单击不同的标签可选取不同窗口页面，对应用系统的相应部分进行组态操作。

图 9.19　组态软件界面

1. 主控窗口

MCGS 嵌入版的主控窗口是组态工程的主窗口，是所有设备窗口和用户窗口的父窗口，它相当于一个大的容器，可以放置一个设备窗口和多个用户窗口，负责这些窗口的管理和调度，并调度用户策略的运行。同时，主控窗口又是组态工程结构的主框架，可在主控窗口内设置系统运行流程及特征参数，方便用户的操作。

2. 设备窗口

设备窗口是 MCGS 嵌入版系统与作为测控对象的外部设备建立联系的后台作业环境，负责驱动外部设备，控制外部设备的工作状态。系统通过设备与数据之间的通道，把外部设备的运行数据采集进来，送入实时数据库，供系统其他部分调用，并且把实时数据库中的数据输出到外部设备，实现对外部设备的操作与控制。

3. 用户窗口

用户窗口本身是一个"容器"，用来放置各种图形对象（图元、图符和动画构件），不同的图形对象对应不同的功能。通过对用户窗口内多个图形对象的组态，生成漂亮的图形界面，为实现动画显示效果做准备。

4. 实时数据库

在 MCGS 嵌入版中，用数据对象来描述系统中的实时数据，用对象变量代替传统意义上的值变量，把数据库技术管理的所有数据对象的集合称为实时数据库。实时数据库是 MCGS 嵌入版系统的核心，是应用系统的数据处理中心。系统各个部分均以实时数据库为公用区交换数据，实现各个部分协调动作。设备窗口通过设备构件驱动外部设备，将采集的数据送入实时数据库；由用户窗口组成的图形对象，与实时数据库中的数据对象建立连接关系，以动画形式实现数据的可视化；运行策略通过策略构件，对数据进行操作和处理，如图 9.20 所示。

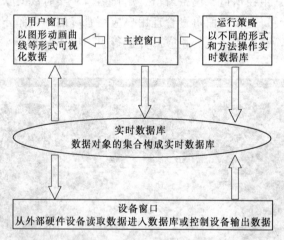

图 9.20 组态软件系统各个部分关系

5. 运行策略

对于复杂的工程，监控系统必须设计成多分支、多层循环嵌套式结构，按照预定的条件，对系统的运行流程及设备的运行状态进行有针对性选择和精确地控制。为此 MCGS 嵌入版引入运行策略的概念，用以解决上述问题。所谓"运行策略"，是用户为实现对系统运行流程自由控制所组态生成的一系列功能块的总称。MCGS 嵌入版为用户提供了进行策略组态的专用窗口和工具箱。运行策略的建立，使系统能够按照设定的顺序和条件，操作实时数据库，控制用户窗口的打开、关闭以及设备构件的工作状态，从而实现对系统工作过程精确控制及有序调度管理的目的。

任务 9.2　了解用触摸屏与 PLC 实现电动机正反转的控制要求

1. 实训器材

在任务中，通过使用 MCGS 嵌入版组态软件设计触摸屏程序，写入触摸屏与 PLC 进行联机调试的实例，掌握触摸屏的原理及编程使用方法。所用实训器材与设备见表 9.2。

表 9.2　训器材与设备

序号	名　称	规格型号	数量
1	电工常用工具		1 套
2	指针式万用表	500 型或 MF-47 型	1 台
3	三菱 PLC 实训控制板		1 套
4	三相异步电动机	JW6314 180W	1 台
5	触摸屏	TPC7062K	1 台

2. 控制要求

以 TPC7062K 触摸屏作为 PLC 的输入信号，控制双重连锁电动机正反转运行。利用触摸屏作为 PLC 的输入单元，通过触摸屏与 PLC 的联机，可以实现对电动机正反转运行的控制。

任务 9.3　设置 PLC 的 I/O 端口及实现的动作方式

PLC 的 I/O 分配见表 9.3。

表 9.3　PLC 的 I/O 分配

软　组　件		输　出		
软组件	作用	输出点	组件	作用
M0	电机正转	Y0	KM1	电机正转控制
M1	电机反转	Y1	KM2	电机反转控制
M2	急停			

制作好触摸屏界面，编写好 PLC 顺控程序，并按要求设置相关参数后，下载到相应的设备中，进行总线电缆连接。

（1）触摸软组件"M0"运行。触摸屏上的触摸开关"正转"时，分配到触摸开关中的位软组件"M0"为接通状态，如图 9.21 所示。

（2）输出并显示"Y0"运行。位组件"M0"接通时，"Y0"接通。此时，分配了位

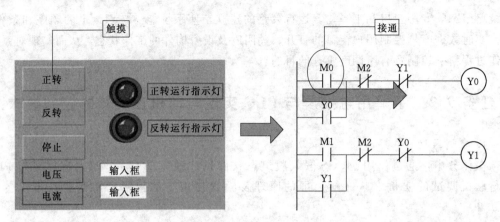

图 9.21　实现的动作

软组件"Y0"的触摸屏运行指示灯将显示输出状态,如图 9.22 所示。

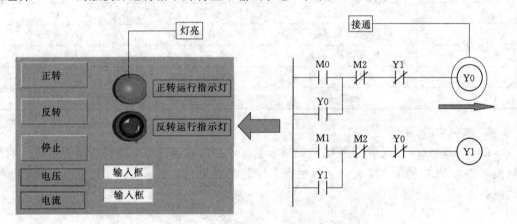

图 9.22　实现的动作

任务 9.4　触摸屏工程界面建立

1. 工程创建

双击 Windows 操作系统桌面上的组态环境快捷方式 MCGSE组态环境 ,可打开嵌入版组态软

件,然后按如下步骤建立通信工程:

单击"文件"菜单中"新建工程"命令选项,弹出"新建工程设置"对话框,如图 9.23 所示,TPC 类型选择为"TPC7062K",单击"确认"。

选择"文件"菜单中的"工程另存为"菜单项,弹出"文件"保存对话框。在"文件名"一栏内输入"TPC 通信控制工程",单击"保存"按钮,工程创建完毕。

2. 设备组态

(1) 在工作台中激活设备窗口,双击设备窗口进入设备组态画面,单击工具条中的工

图 9.23　"新建工程设置"对话框

具箱，打开"设备工具箱"，如图 9.24 所示。

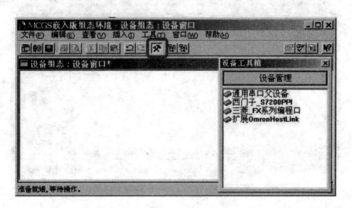

图 9.24　设备组态画面

（2）在设备工具箱中，按先后顺序双击"通用串口父设备"和"三菱_FX 系列编程口"添加至组态画面，如图 9.25 所示。在设备窗口中分别双击"通用串口父设备 0"和"三菱_FX 系列编程口"，弹出"通用串口设备属性编辑"进行参数设置。

（3）所有操作完成后关闭设备窗口，返回工作台。

3. 窗口组态

（1）在工作台中激活用户窗口，单击"新建窗口"按钮，建立新画面"窗口 0"，如图 9.26 所示。

（2）单击"窗口属性"按钮，弹出"用户窗口属性设置"对话框，在基本属性页，将"窗口名称"修改为"三菱 FX 控制画面"，单击"确认"进行保存，如图 9.27 所示。

（3）在用户窗口双击三菱 FX 控制画面进入"动画组态三菱 FX 控制画面"，单击工具箱，打开"工具箱"。

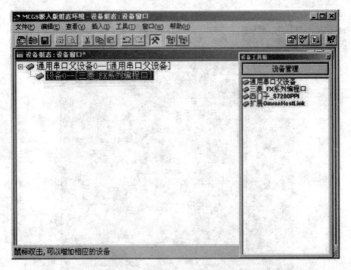

图 9.25 通用串口设备属性编辑

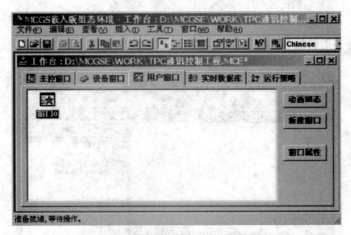

图 9.26 建立新画面"窗口 0"

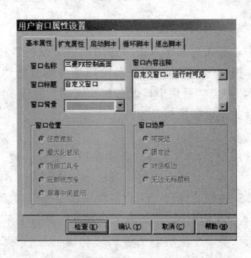

图 9.27 "用户窗口属性设置"对话框

（4）建立基本元件。

1）按钮：从工具箱中单击选中"标准按钮"构件，在窗口编辑位置按住鼠标左键，拖放出一定大小后，松开鼠标左键，这样就绘制了一个按钮构件，如图 9.28 所示。

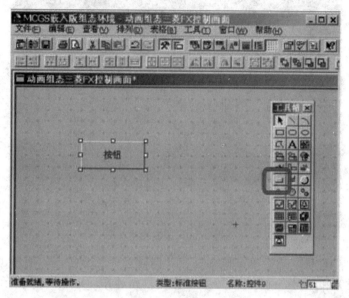

图 9.28　按钮构件绘制

接下来双击该按钮打开"标准按钮构件属性设置"对话框，在"基本属性"选项卡中将"文本"修改为"正转"，单击"确认"按钮保存，如图 9.29 所示。

图 9.29　"标准按钮构件属性设置"对话框

按照同样的操作分别绘制另外两个按钮，文本修改为"反转"和"停止"，完成后如图 9.30 所示。

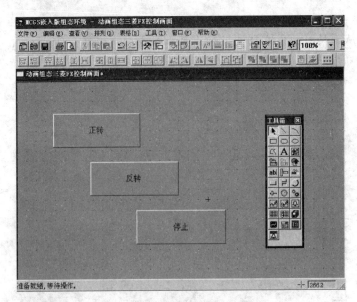

图 9.30 绘制按钮

按住键盘的 Ctrl 键，然后单击鼠标左键，同时选中三个按钮，使用工具栏中的等高宽、左（右）对齐和纵向等间距对三个按钮进行排列对齐，如图 9.31 所示。

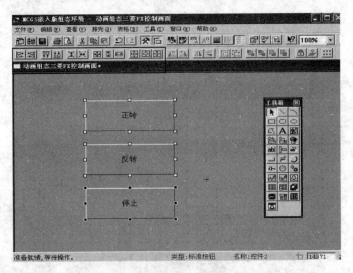

图 9.31 按钮排列对齐

2）指示灯：单击工具箱中的"插入元件"按钮，打开"对象元件库管理"对话框，选中图形对象库指示灯中的一款，单击确认添加到窗口画面中。并调整到合适大小，同样的方法再添加两个指示灯，摆放在窗口中按钮旁边的位置，如图 9.32 所示。

3）标签：单击选中工具箱中的"标签"构件，在窗口按住鼠标左键，拖放出一定大小的"标签"，如图 9.33 所示。双击进入该标签弹出"标签动画组态属性设置"对话框，在"扩展属性"选项卡中的"文本内容输入"中输入电压，单击"确认"，如图 9.34 所示。

124

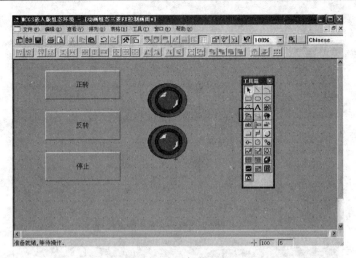

图 9.32 添加指示灯

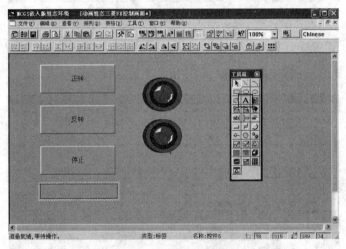

图 9.33 拖放出"标签"

图 9.34 "标签动画组态属性设置"对话框

同样的方法，添加另一个标签，文本内容输入"电流"，如图 9.35 所示。

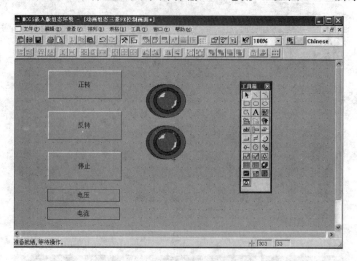

图 9.35 添加"电流"标签

4）输入框：单击工具箱中的"输入框"构件，在窗口按住鼠标左键，拖放出两个一定大小的"输入框"，分别摆放在"电压""电流"标签的旁边位置，如图 9.36 所示。

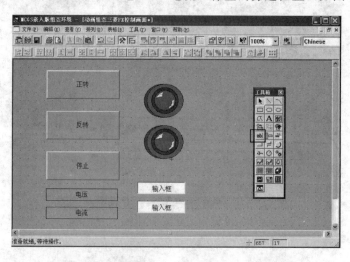

图 9.36 拖放出两个一定大小的"输入框"

（5）建立数据链接。

1）按钮：双击"正转"按钮，弹出"标准按钮构件属性设置"对话框，如图 9.37 所示，在"操作属性"选项卡中，默认"抬起功能"按钮为按下状态，勾选"数据对象值操作"，选择"清 0"操作。

单击"?"弹出"变量选择"对话框，选择"根据采集信息生成"，通道类型选择"M 输出寄存器"，通道地址为"0"，读写类型选择"读写"，如图 9.38 所示，设置完成后单击"确认"。即在"正转"按钮抬起时，对三菱 FX 的 M0 地址"清 0"，如图 9.39 所示。

图 9.37 "标准按钮构件属性设置"对话框

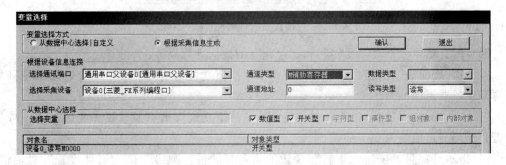

图 9.38 "变量选择"对话框

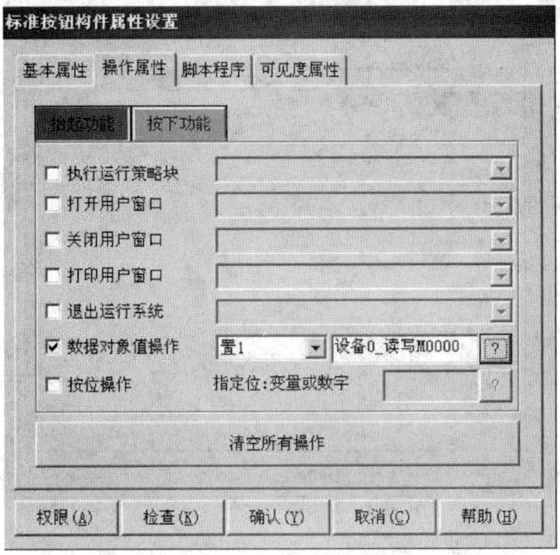

图 9.39 "标准按钮构件属性设置"对话框

同样的方法，单击"按下功能"按钮，进行设置，选择"数据对象值操作"→"置1"→"设备 0＿读写 M0000"，如图 9.40 所示。

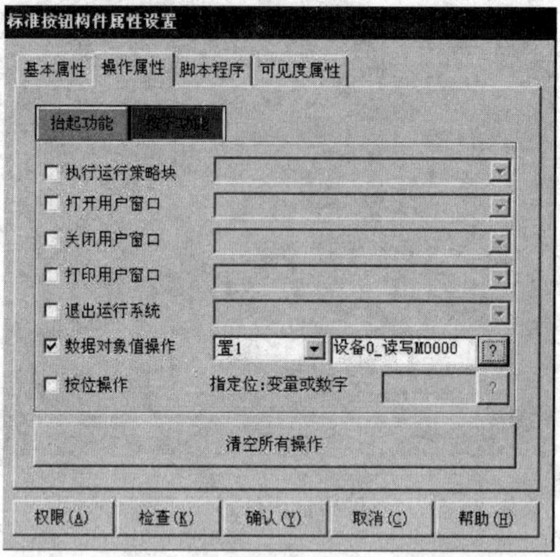

图 9.40　"标准按钮构件属性设置"对话框

同样的方法，分别对"反转"和"停止"的按钮进行设置。

"反转"按钮→"抬起功能"时"清 0"；"按下功能"时"置 1"→变量选择→M 输出寄存器，通道地址为 1。

"停止"按钮→"抬起功能"时"清 0"；"按下功能"时"置 1"→变量选择→M 输出寄存器，通道地址为 2。

2）指示灯：双击按钮"正转"旁边的指示灯元件，弹出"单元属性设置"对话框，在数据对象选项卡中，单击"？"选择数据对象"设备 0＿读写 Y0000"，如图 9.41 所示。

图 9.41　"单元属性设置"对话框

同样的方法，将"反转"按钮和"反转"按钮旁边的指示灯分别连接变量"设备 0＿读写 M0001"和"设备 0＿读写 Y0001"。

3）输入框：双击"电压"标签旁边的输入框构件，弹出"输入框构件属性设置"对话框，在操作属性页，单击"？"进行变量选择，选择"根据采集信息生成"，通道类型选择"D 寄存器"，通道地址为"0"；数据类型选择"16 位无符号二进制"；读写类型选择"读写"，如图 9.42 所示。完成后单击"确认"保存。

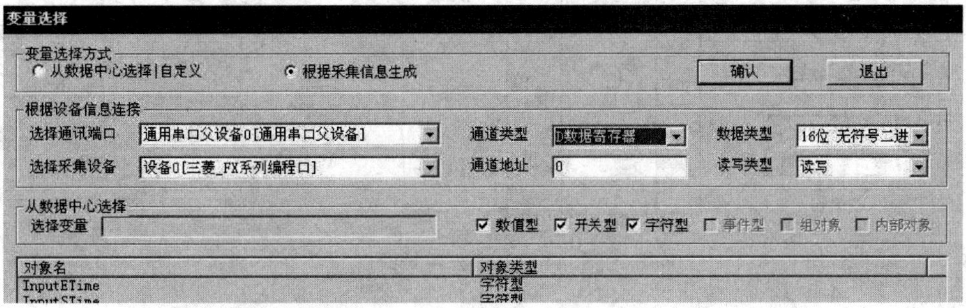

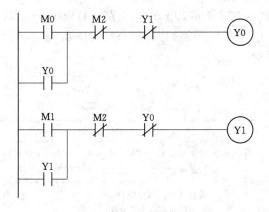

图 9.42　"输入框构件属性设置"对话框

同样的方法，对"电流"标签旁边的输入框进行设置，在"操作属性"选项卡中，选择对应的数据对象：通道类型选择"D 寄存器"；通道地址为"2"；数据类型选择"16 位无符号二进制"；读写类型选择"读写"。

至此 TPC7062K 触摸屏界面组态完成，连接通信下载线后，将编辑好的程序下载到触摸屏。

任务 9.5　设计由触摸屏与 PLC 实现电动机正反转控制程序

由触摸屏设置软元件及 PLC 输出分配，设计双重连锁电动机正反转 PLC 控制程序，如图 9.43 所示。

图 9.43　触摸屏与 PLC 实现电动机
正反转控制梯形图

任务 9.6　PLC 外围控制接线

按图进行 PLC 外部控制线路接线和接触器控制电路接线，如图 9.44 所示。

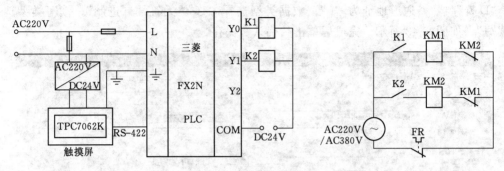

图 9.44　PLC 外围接线图

任务 9.7　调试触摸屏、PLC 控制电动机正反转运行系统

调试步骤如下：

（1）在断电状态下，连接好 PC/PPI 通信电缆，将 PLC 运行模式选择开关拨到 STOP 位置，将 PLC 梯形图程序写入 PLC。

（2）将触摸屏 RS-232 接口与计算机 RS-232 接口用通信电缆连接。

（3）程序写入前先设置触摸屏与 PLC 及计算机的通信设置，设置方法是通过触摸隐藏在触摸屏左上角的键，调出系统主菜单，选择"选择菜单其他模式设定模式"，设定 "PLC 类型"，这里选择 FX 系列及 CPU 端口 RS422，"串行通信"口选择 RS232。

（4）使用 MCGS 嵌入版组态软件写入触摸屏画面程序，写入完成后，观察触摸屏画面显示是否与计算机画面一致。

（5）按图 9.44 连接好触摸屏和 PLC 外部电路，对程序进行调试运行，观察程序的运行情况。若程序有误，应检查并修改程序，直至运行正确。

（6）记录程序调试的结果。

项目评价见表 9.4～表 9.6。

表 9.4　　　　　　　　　　　　　　　自 我 评 价 （自评）

项目内容	配分	评 分 标 准	扣分	得分
PLC 与触摸屏的安装连接	30	（1）能正确安装，并说明其特点，出现一个错误扣 1～2 分。 （2）能正确分析原理，出现一个错误扣 1～2 分		
PLC、触摸屏程序设计	30	（1）编程错误，每个组件扣 1～3 分。 （2）参数设置错误，每处扣 1～3 分		
系统调试与运行	20	（1）能正确运行与调试，得 20 分。 （2）操作失误，每次扣 3～5 分		

续表

项目内容	配分	评 分 标 准	扣分	得分
安全、文明操作	20	(1) 违反操作规程，产生不安全因素，可酌情扣 7～10 分。 (2) 着装不规范，可酌情扣 3～5 分。 (3) 迟到、早退、工作场地不清洁，每次扣 1 分		
总评分＝(1～5 项总分)×40%				

表 9.5　　　　　　　　小 组 评 价 (互 评)

项 目 内 容	配分	评　分
实训记录与自我评价情况	20	
对实训室规章制度的学习与掌握情况	20	
相互帮助与沟通协作能力	20	
安全、质量意识与责任心	20	
能否主动参与整理工具、器材与清洁场地	20	
总评分＝(1～5 项总分)×30%		

表 9.6　　　　　　　　教 师 总 体 评 价

教师总体评价意见：

教师评分 (30)	
总评分＝自我评分＋小组评分＋教师评分	
教师签名：　　　　　年 月 日	

工 件 识 别 控 制

课时分配

建议学时：15 学时。

学习目标

(1) 掌握亚龙 YL-235A 型光机电一体化实训考核装置的配置及机构。

(2) 掌握理气动原理、气缸电控阀的使用。

(3) 掌握传感器应用。

(4) 掌握亚龙 YL-235A 光机电一体化实训考核装置电气电路的组成。

(5) 会三菱变频器操作、参数设置。

(6) 了解生产线工件识别控制程序设计。

(7) 会工件识别控制的气路连接、电路连接。

(8) 能运行调试工件识别控制系统。

在工件的生产加工过程中，经常需要对不同材质或不同颜色的工件进行分类处理，只有识别出工件的种类才能完成相应的生产和加工，可见工件的识别是机电一体化设备的一项重要技术。YL-235A 型光机电一体化实训装置是通过传感器来完成工件的识别的。项目通过完成调试工件识别装置，使大家学会传感器的使用和如何实现根据工件的不同完成工件的识别。

亚龙 YL-235A 型光机电一体化实训考核装置提供了一个典型的、可进行综合训练的工程实践环境，涉及电机驱动、机械传动、气动、触摸屏控制、PLC、传感器，变频调速等多项技术。若无亚龙 YL-235A 型光机电一体化实训考核装置，可以利用其他功能相似的实训装置实现本项目控制任务。

任务 10.1 亚龙 YL-235A 型光机电一体化
实训考核装置基本结构

10.1.1 装置基本结构

亚龙 YL-235A 型光机电一体化实训考核装置外形如图 10.1 所示。

亚龙 YL-235A 型光机电一体化实训考核装置，由铝合金导轨式实训台、典型的机电一体化设备的机械部件、PLC 模块单元、触摸屏模块单元、变频器模块单元、按钮模块单元、电源模块单元、模拟生产设备实训模块、接线端子排和各种传感器等组成。

该装置配置了触摸屏模块、PLC、变频器装置、气动装置、传感器、气动机械手装置、上料器、送料传动和分拣装置等实训机构。整个系统为模块化结构提供开放式实训平

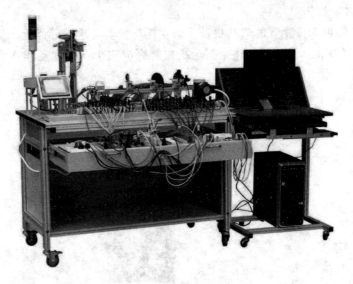

图 10.1　装置外形

台，实训模块可根据不同的实训要求进行组合。系统的控制部分选用昆仑通态触摸屏模块和三菱可编程控制器，执行机构由气动电磁阀-气缸构成的气压驱动装置，实现了整个系统自动运行，并完成物料的分拣。整个实训考核装置的模块之间连接方式采用安全导线连接，可确保实训和考核的安全。

10.1.2　装置机械部分

1. 送料机构

YL-235A 实训考核装置中的供料装置由料盘（带出料口）、料盘拨杆、微型直流电动机、料架、光电传感器和相关的固定件组成如图 10.2 所示。料盘作盛放物料（圆柱形）用，物料由人工放进料盘中，料盘底架下装有一台微型直流电动机，料盘中的拨杆安装在电动机轴上，由微型直流电动机带动拨杆转动，微型直流电动机带有减速箱，所以金属拨杆的转动速度比较平缓。由于拨杆靠近料盘的底部，因此在拨杆旋转时能将料盘中的物料通过料盘出料口平推至出料架。在出料架旁边装有一个光电传感器，作物料到位检测用。

图 10.2　送料机构组成

1—转盘；2—调节支架；3—直流电机；4—物料；

5—出料口传感器；6—物料检测支架

133

　　2. 机械手搬运机构

YL-235A 实训考核装置的气动机械手由立柱与气动马达、后背板、气动机械手等几个零部件组成，如图 10.3 所示。整个搬运机构能完成四个自由度动作，手臂伸缩、手臂旋转、手爪上下、手爪松紧。

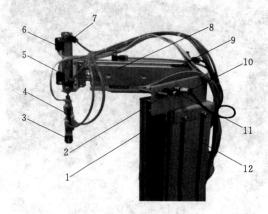

图 10.3　机械手搬运机构组成

1—旋转气缸；2—非标螺丝；3—气动手爪；4—手爪磁性开关 Y59BLS；

5—提升气缸；6—磁性开关 D-C73；7—节流阀；8—伸缩气缸；

9—磁性开关 D-Z73；10—左右限位传感器；11—缓冲阀；

12—安装支架

　　手爪提升气缸：提升气缸采用双向电控气阀控制。

　　磁性传感器：用于气缸的位置检测。检测气缸伸出和缩回是否到位，为此在前点和后点上各一个，当检测到气缸准确到位后将给 PLC 发出一个信号（在应用过程中棕色接 PLC 主机输入端，蓝色接输入的公共端）。

　　手爪：抓取和松开物料由双电控气阀控制，手爪夹紧磁性传感器有信号输出，指示灯亮，在控制过程中不允许两个线圈同时得电。

　　旋转气缸：机械手臂的正反转，由双电控气阀控制。

　　接近传感器：机械手臂正转和反转到位后，接近传感器信号输出。

　　伸缩气缸：机械手臂伸出、缩回，由电控气阀控制。气缸上装有两个磁性传感器，检测气缸伸出或缩回位置。

　　缓冲器：旋转气缸高速正转和反转时，起缓冲减速作用。

　　3. 物料传送和分拣机构

　　传送带输送机由固定机架、脚支架、传送带、传送带传动轴（皮带辊筒）、轴承支架、电动机等部件组成如图 10.4 所示。固定机架为铝合金型材，起框架结构作用。脚支架起固定及高度调节作用。轴承支架起传送带传动轴固定及调节皮带张紧度及平行度作用。传送带输送机由三相异步电动机拖动，用变频器对三相电动机调速控制。

　　落料口传感器：检测是否有物料到传送带上，并给 PLC 一个输入信号。

　　落料孔：物料落料位置定位。

　　料槽：放置物料。

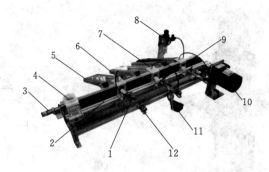

图 10.4　物料传送和分拣机构组成

1—磁性开关 D－C73；2—传送分拣机构；3—落料口传感器；4—落料口；

5—料槽；6—电感式传感器；7—光纤传感器；8—过滤调压阀；

9—节流阀；10—三相异步减数电机；11—光纤放大器；

12—推料气缸

电感式传感器：检测金属材料，检测距离为 3～5mm。

光纤传感器：用于检测不同颜色的物料，可通过调节光纤放大器来区分不同颜色的灵敏度。

三相异步电机：驱动传送带转动，由变频器控制。

推料气缸：将物料推入料槽，由电控气阀控制。

任务 10.2　掌握 YL－235A 实训装置气动部分原理

10.2.1　气路元件的基本知识介绍

气动是"气压传动与控制"的简称，是以压缩空气为工作介质，靠气体的压力传递动力或信息的流体传动。传递动力的系统是将压缩气体经由管道和控制阀输送给气动执行元件，把压缩气体的压力能转换为机械能而做功；传递信息的系统是利用气动逻辑元件以实现逻辑运算等功能，亦称为气动控制系统。一个完整的气动系统由能源部件、控制组件、执行组件和辅助装置四部分组成。我们用规定的图形符号来表达系统中的组件及之间的连接、气体的流动方向和系统实现的功能，这样的图形称为气动系统图或气动回路图。在YL－235A 设备中使用的气动元件主要有以下几种。

1. 气源处理组件

气源处理组件由进气开关、将空气过滤器，减压阀和压力表组成，如图 10.5 所示，用以进入气动仪表之气源净化过滤和减压至仪表供给额定的气源压力，输入气源来自空气压缩机，所提供的压力为 0.6～1.0MPa，输出压力为 0～0.8MPa 可调。输出的压缩空气送到各工作单元。

2. 单作用气缸

单作用气缸是活塞一侧进入压缩空气推动活塞运动，使活塞杆伸出或缩回，另一侧是通过呼吸口开放在大气中的，如图 10.6 所示。这种气缸只能在一个方向上做功。活塞的

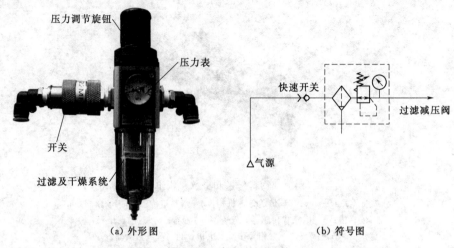

（a）外形图　　　　　　　　　（b）符号图

图 10.5　气源处理组件

反向运动则靠一个复位弹簧或施加外力来实现。因此，压缩空气只能在一个方向上控制气缸活塞的运动。

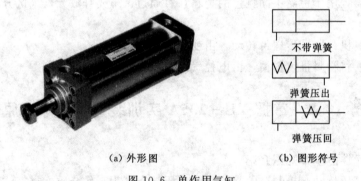

（a）外形图　　　（b）图形符号

图 10.6　单作用气缸

3. 双作用气缸

双作用气缸如图 10.7 所示。活塞的往返运动是依靠压缩空气从缸内被活塞分隔开的两个腔室（有杆腔、无杆腔）交替进入和排出来实现的，压缩空气可以在两个方向上做功。由于气缸活塞的往返运动全部靠压缩空气来完成，因此称为双作用气缸。

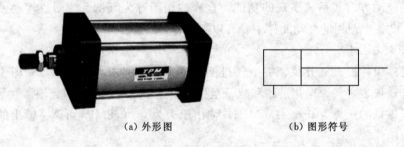

（a）外形图　　　　　　　（b）图形符号

图 10.7　双作用气缸

4. 流量控制阀

该阀门安装在气缸两侧，作用为控制压缩空气流量。当进入气缸的压缩空气流量越大，活塞移动的速度越大，因此，流量控制阀也称为速度控制阀。单向节流阀是气动系统中常用的流量控制阀，它由单向阀和节流阀并联而成，节流阀只在一个方向上起流量控制的作用，相反方向的气流可以通过单向阀自由流通。利用单向节流阀可以实现对执行组件每个方向上的运动速度的单独调节。

单向节流阀的外形和结构如图 10.8 所示，当压缩空气从单向节流阀的左腔进入时，单向密封圈被压在阀体上，气体只能通过由调节螺栓调整大小的节流口从右腔输出，从而达到调节流量的目的。当压缩空气从右腔进入单向节流阀时，单向密封圈在空气压力的作用下向上翘起，使得气体不必通过节流口即可流至左腔并输出，从而实现反向导通。

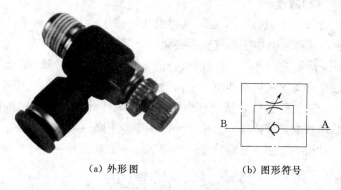

（a）外形图　　　　　　　（b）图形符号

图 10.8　流量控制阀

5. 方向控制阀

用于改变气体通道，使气体流动方向发生变化从而改变气动执行组件的运动方向的组件称为换向阀。换向阀按操控方式分主要有人力操纵控制、机械操纵控制、气压操纵控制和电磁操纵控制四种类型。在 YL－235A 型光机电一体化实训装置中，换向阀采用电磁操纵控制方式。电磁换向阀是利用电磁线圈通电时，静铁芯对动铁芯产生的电磁吸力，使阀芯改变位置实现换向的方向的阀门。

YL－235A 用到的二位五通电磁阀，指的是阀芯相对于阀体有两个不同的工作位置。换向阀与系统相连的通口，图形符号中的"丁"和"⊥"表示各接口互不相通。单向电控阀用来控制气缸单个方向运动，实现气缸地伸出、缩回运动，如图 10.9 所示。双向电控阀初始位置是任意的，通过控制气缸进气和出气，实现气缸地伸出、缩回运动，如图 10.10 所示。电控阀内装的红色指示灯有正负极性，如果极性接反也能正常工作，但指示灯不亮。

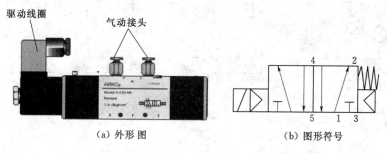

（a）外形图　　　　　　　（b）图形符号

图 10.9　二位五通单控电磁阀

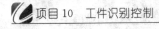
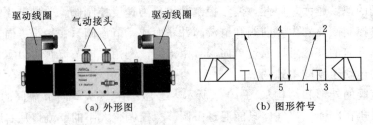

（a）外形图　　　　　　（b）图形符号

图 10.10　二位五通双控电磁阀

10.2.2　YL-235 气动原理图

气动原理图执行部分由机械手和推料机构组成，图 10.11 中机械手部分由四个气缸组成，可在三个坐标内工作，其中手爪气缸为夹紧缸，其活塞杆退回时夹紧工件，活塞杆伸出时松开工件。提升下降缸为双作用单杆气缸，可实现机械手手臂上升和下降动作。悬臂伸缩缸为双作用双杆气缸，可实现机械手伸出与缩回动作。摆动气缸一个进气孔进气，活塞杆向一个方向运动；另一个进气孔进气，活塞杆向另一个方向转动，从而实现机械手的左摆与右摆。机械手工作循环基本要求依次为：悬臂伸出→手臂下降→手爪夹紧→手臂上升→悬臂缩回→机械手右摆→机械手左摆→悬臂伸出→手臂下降→手爪松开→手臂上升→悬臂缩回→机

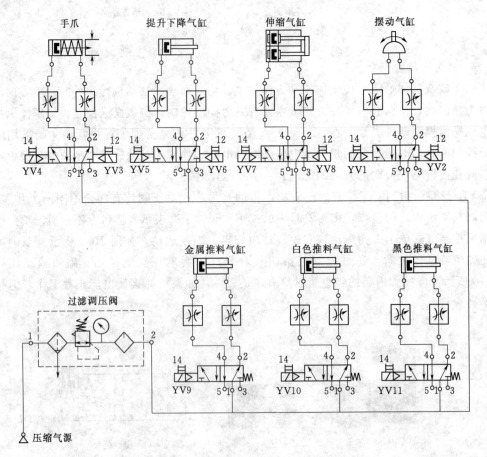

图 10.11　YL-235A 实训考核装置气动系统原理图

械手左摆。推料气缸由双作用单杆气缸组成，可实现伸出推料自动缩回的动作。

机械手四个气缸由双电控换向阀组成，三个推料气缸由单电控电磁阀组成，每个气缸的进气、出气孔都有单向节流阀，共同构成换向、调速回路。各气缸的行程位置均由电气行程开关进行控制。根据需要通过改变行程开关的位置，调节单向节流阀的开度，即可改变各气缸的运动速度和行程。

任务 10.3　学习 YL - 235A 实训装置电气电路组成

10.3.1　YL - 235A 实训考核装置供电部件的认识

YL - 235A 实训考核装置总电源由一对三相安全插头座供给。三相安全插座连接三相五线的交流 380V 电源，三相安全插头连接 YL - 235A 实训考核装置电源模块上的三相漏电保护开关，如图 10.12 所示。

图 10.12　YL - 235A 实训考核装置供电部件

YL - 235A 实训考核装置的 PLC 模块、按钮模块需要的 AC 220V 电源及变频器模块需要的 AC 380V 的电源，均由电源模块提供。AC 380V 电源用三个插孔输出，这三个插孔分别标注为 U、V、W，AC 220V 电压用两个单相插座输出，电源模块还提供一个中性线（零线）插孔（N）和一个保护接地插孔（PE）。电源模块的面板和内部电路如图10.13 所示。

 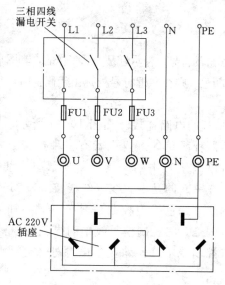

(a) 电源模块的面扳　　　　　(b) 电源模块内部电路图

图 10.13　电源模块的面板和内部电路图

该电源模块中的三相四线漏电开关作实训设备总电源控制开关，该开关带过载保护、短路保护和漏电保护，三相四线漏电开关负荷侧接一组熔断器，配有熔断电流为 2A 的熔丝，做实训设备工作时负载短路保护用。

10.3.2 YL-235A 实训考核装置的基本电气组件的认识与使用

YL-235A 实训考核装置的电气组件主要有警示灯、指示灯、各种开关、蜂鸣器等。这些电气组件都安装在两个部件上，一个是警示灯；另一个是按钮模块。

1. 警示灯、指示灯

为了便于识别设备处于何种状态，防止意外事故的发生，保证设备和人身的安全，通常需要在机电设备上设置各种标志。警示灯和指示灯就是显示设备工作状态的标志，根据需要警示灯和指示灯都可以显示设备电源是否正常、是否正常运行、处于哪种工作方式、出现了何种故障或某种特殊情况等，实际显示什么，需要人们事先约定。

（1）警示灯。YL-235A 实训考核装置采用了 LTA-205 型红绿双色闪亮警示灯，其外形如图 10.14（a）所示。

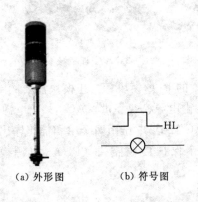

(a) 外形图   (b) 符号图

图 10.14   警示灯

1）警示灯的符号。警示灯是闪烁工作的，其图形符号和文字符号如图 10.14（b）所示，如果要求指示颜色，则在靠近符号处标出代码：RD——红；YE——黄；GN——绿；BU——蓝；WH——白。

2）警示灯的电路连接。如图 10.14 所示，YL-235A 实训考核装置的警示灯共有绿色和红色两种颜色的灯，也就有多种连接方式，可以红绿灯同时亮，可以红绿灯分别亮，也可以只用其中的一盏灯。外部引出线五根，其接线示意图如图 10.15 所示，其中两根并在一起的是电源线（红线接"+24V"，黑红双色线接"GND"），其余三根是信号控制线（棕色线为控制信号公共端，如果将控制信号线中的红色线和棕色线接通，则红灯闪烁，将控制信号线中的绿色线和棕色线接通，则绿灯闪烁）。因此，如果要用开关来控制警示灯，除提供电源外，还要将开关接入信号公共端引线和被控警示灯的引线之间。

用警示灯中的红绿双色灯同时亮来指示系统电源接通的电路，如图 10.16 所示。因为红绿双色同时指示，所以红绿两灯的控制线需连接在一起，另外系统电源接通，则警示灯的双色灯同时亮，也就是电源接通，则红绿两灯就要同时亮，所以灯的控制端和控制信号公共端也需要连接在一起。

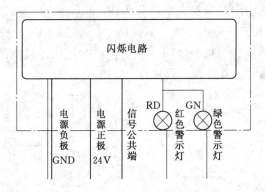

图 10.15　警示灯引线示意图

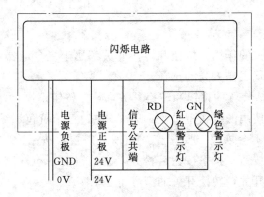

图 10.16　双色警示灯同时指示电源接通的电路图

（2）指示灯。如图 10.17 所示，YL-235A 实训考核装置的六盏指示灯（红、绿、黄

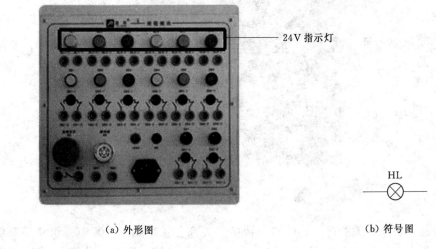

（a）外形图　　　　　　　　　　　　　　　　（b）符号图

图 10.17　指示灯

各两盏）都安装在按钮模块上，指示灯型号是 AD16 - 16C，工作电压是 AC 或 DC 24V，每盏灯的连接线都引到了模块的安全插孔上。

1）符号。指示灯的图形符号和文字符号如图 10.17 所示。如果要求指示颜色，则在靠近符号处标出代码：RD——红；YE——黄；GN——绿；BU——蓝；WH——白。

2）指示灯的电路连接。当指示灯用开关来控制时，其连接电路如图 10.18 所示，当指示灯由 PLC 出来控制时，其连接电路如图 10.19 所示。

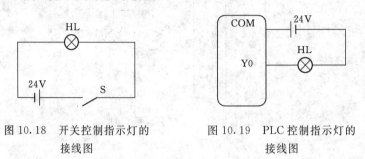

图 10.18　开关控制指示灯的　　　　　图 10.19　PLC 控制指示灯的
　　　　　　接线图　　　　　　　　　　　　　　接线图

2. 按钮和转换开关

（1）按钮和转换开关的作用。按钮和转换开关都属于主令电器，一般用来发出启动、停止、暂停等信号或实现工作方式的选择。

YL - 235A 实训考核装置的按钮和转换开关都装在按钮模块上，如图 10.20 中的按钮模块的第二排为按钮，使用的按钮型号是 L16A，左边三个黄色、绿色、红色按钮是自锁按钮（按下按钮后松开不会恢复，要想让按钮恢复需要再按一次按钮），右边三个黄色、绿色、红色按钮是复位按钮（按下按钮后松开，则按钮会自动复位），右下角的两个黄色开关是两个挡位的转换开关，转换开关的型号也是 L16A。

图 10.20　按钮和转换开关

（2）按钮和转换开关的符号。按钮和转换开关都有两组触点，其中一组是动断触点，一组是动合触点，而转换开关只有一组动合触点。它们的图形符号分别如图 10.21～图 10.23 所示，按钮开关的文字符号是"SB"，转换开关的文字符号是"SA"。

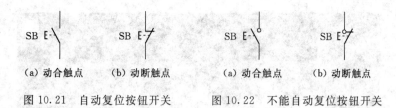

图 10.21　自动复位按钮开关　　　　图 10.22　不能自动复位按钮开关

3. 急停开关

(1) 急停开关的作用。急停开关的作用是当机器发生严重故障或遇到紧急情况时，按下此键切断电源或断开所有输出回路，以保护机器免受破坏。

一旦发生故障或遇到紧急情况，可按下急停开关，其触点立即断开，并保持在断开状态，当故障排除后再将急停按钮恢复，其触点才能恢复闭合，设备才能启动工作。

(2) 急停按钮的符号。YL－235A 实训考核装置使用的是蘑菇形急停开关，型号是 LA68B－BE102，安装在按钮模块的左下角，其接线端都连接到按钮模块面板的插接孔上，如图 10.20 所示。其图形符号如图 10.24 所示，文字符号是"QS"。

4. 蜂鸣器

(1) 蜂鸣器的作用。蜂鸣器是一种一体化结构的电子讯响器，常用作计算机、打印机玩具、汽车电子设备、电话机、定时器等电子产品中的发声器件。YL－235A 实训考核装置的蜂鸣器可以作为报警或提示用。

(2) 蜂鸣器的符号。蜂鸣器的图形符号如图 10.25 所示，文字符号是"HA"。

图 10.23　转换开关　　　图 10.24　急停开关的符号　　　图 10.25　蜂鸣器的符号

10.3.3　三菱 FX2N－48MR 的认识

YL－235A 实训考核装置配制的三菱 PLC 型号是 FX2N－48MR，该型号的 PLC 共有 24 个输入（I）口，24 个输出（O）口，输出方式为继电器输出，连接电缆为 RS232。

1. 三菱 FX2N－48MR 面板

三菱 FX2N－48MR 面板如图 10.26 所示，其上下两侧各有一排接头，上边为 PLC 供电电源、内部 DC 24V 电源和输入端接头，下端为 PLC 输出端接头；靠近输入接头的一侧有两排指示灯，用来指示相应的输入端是否有信号输入，靠近输出接头的一侧也有两排指示灯，用来指示相应的输出端是否有信号输出，当有信号时，对应的指示灯就亮，当无信号时对应的指示灯就熄灭。在右侧有一排指示灯，分别用来指示 PLC 的电源、工作状态、程序是否出错等。

2. 三菱 FX2N－48MR 模块的面板结构

三菱 FX2N－48MR 模块的面板结构如图 10.27 所示，其输入端子、输出端子、内部 DC 24V 电源及外部电源接线端都引出到模块的面板插孔上。图中左边并列的三排插孔为

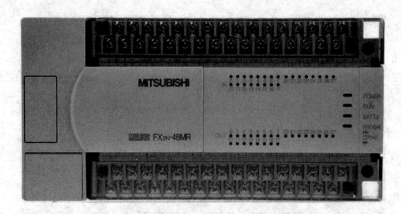

图 10.26　三菱 FX2N - 48MR 面板

PLC 输出端子和公共端子的引出接孔，左边最下端还有一个 PLC 的电源开关和 PLC 电源连接插座。右边最上端的两个插孔为 PLC 内部 DC 24V 的引出接孔，右边其他并列的两排插孔为 PLC 输入端子引出接孔，在右边还有两排开关，可以给 PLC 的输入端子提供输入信号。当开关接通时，相应的输入指示灯亮，指示该输入端有信号输入。

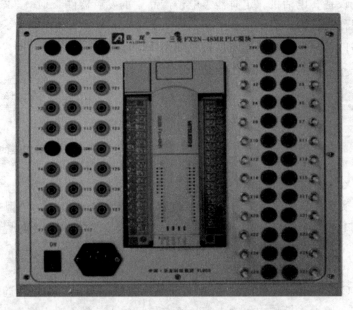

图 10.27　三菱 FX2N - 48MR 模块的面板结构

3. PLC 模块的外部接线

PLC 模块的输入端子一般采用汇点式接线方式，如图 10.28 所示。输出端子的接线一般根据负载不同分组，采用分组式接线方式，如图 10.29 所示。三菱 FX2N - 48MR 的输出端具体分为 Y0～Y3、Y4～Y7、Y10～Y13、Y14～Y17、Y20～Y27 五组，如果要将其中的不同组合成一组，则将其 COM 端短接。

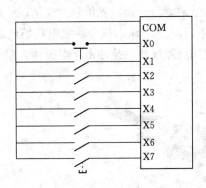

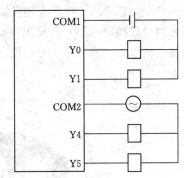

图 10.28　输入端子接线示意图　　　图 10.29　输出端子示意图

任务 10.4　学习 YL-235A 实训装置传感器部分

10.4.1　电感传感器

电感式接近传感器具有体积小，安装方便，动作频率可高达 2500Hz，自身具有极性保护和过载保护等特点，如图 10.30 所示。传感器由高频振荡、检波、放大、触发及输出电路等组成。振荡器在传感器检测面产生一个交变电磁场，当金属物料接近传感器检测面时，金属中产生的涡流吸收了振荡器的能量。使振荡减弱以至停滞。振荡器的振荡及停振这两种状态，转换为电信号通过整形放大器转换成二进制的开关信号，经功率放大后输出为需要的电信号。技术参数：检测距离为 2～4mm；额定电压为 DC 10～30V；额定电流为 DC 200mA。

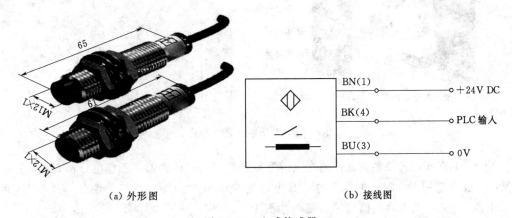

（a）外形图　　　　　　　　　　　　　（b）接线图

图 10.30　电感传感器

10.4.2　光电传感器

YL-235A 使用的光电传感器有 G012-MDNA-AM 型光电传感器和 E3Z-LS61 型漫反射式光电开关两种。

1. G012-MDNA-AM 型光电传感器

光电传感器是采用光电元件作为检测元件的传感器，如图 10.31 所示。由光源、光学通路和光电元件三部分组成，工作时首先把被测量的变量转换成光信号的变化，然后借助光电元件进一步将光信号转换成电信号，输出供给 PLC 作为输入信号。光电传感器具有灵敏调节，体积小，使用简单，性能稳定，寿命长，响应速度快，抗冲击，耐振动，接受信号不受外界干扰等特点。

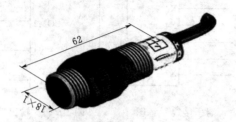

图 10.31 G012 - MDNA - AM 型光电传感器

2. E3Z. LS61 漫反射式光电开关

漫射式光电接近开关是利用光照射到被测物体上后反射回来的光线而工作的，由于物体反射的光线为漫射光，故称为漫射式光电接近开关（图 10.32）。它的光发射器与光接收器处于同一侧位置，且为一体化结构。在工作时，光发射器始终发射检测光，若接近开关前方一定距离内没有物体，则没有光被反射到接收器，接近开关处于常态而不动作；反之若接近开关的前方一定距离内出现物体，只要反射回来的光强度足够，则接收器接收到足够的漫射光就会使接近开关动作而改变输出的状态。

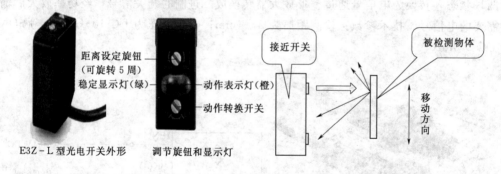

图 10.32 漫反射式光电开关

YL - 235A 实训考核装置使用的光电传感器都是三线式传感器，工作电压都是 DC 10～30V，一般也选用 DC 24V 电源供电，其电路连接的方式为棕色线接电源的"＋"，蓝色线接电源"－"，黑色线接信号输入端，如图 10.33 所示。

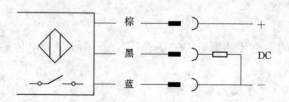

图 10.33 光电传感器图形符号

3. 光纤传感器

光纤传感器也是光电传感器的一种，主要检测材料黑白颜色识别和输出电信号。与传统电量型传感器（热电偶、热电阻、压阻式、振弦式、磁电式）相比，光纤传感器具有抗电磁干扰强、可工作于恶劣环境、传输距离远、使用寿命长等优点，此外，由于光纤头具有较小的体积，所以可以安装在很小的空间内，如图 10.34 所示。

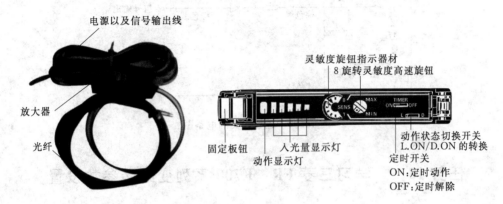

图 10.34　光纤传感器

光纤传感器的灵敏度通过顶部"8 挡旋转灵敏度高速旋钮"进行调节。当光纤传感器灵敏度调得较小时，反射性较差的黑色物体，光电探测器无法接收到反射信号；而反射性较好的白色物体，光电探测器就可以接收到反射信号。反之，若调高光纤传感器灵敏度，则即使对反射性较差的黑色物体，光电探测器也可以接收到反射信号。从而可以通过调节灵敏度判别黑白两种颜色物体，将两种物料区分开，从而完成自动分拣工序。

光纤传感器使用了中级放大器，也是三线式传感器，工作电压是 DC 12～24V，其电路连接方法和电感式传感器相同（棕色线接电源"＋"，蓝色线接电源"－"，黑色线接信号输入端）。

4. 磁性开关

磁性开关直接安装在气缸缸体上，当带有磁环的活塞移动到磁性开关所在位置时，磁性开关内的两个金属簧片在磁环磁场的作用下吸合，发出信号。当活塞移开时，舌簧开关离开磁场，触点自动断开，信号切断。通过这种电磁感应实现对气缸活塞位置的检测，如图 10.35 所示。

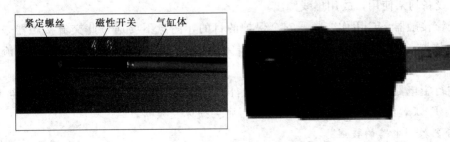

图 10.35　磁性开关

　　磁性开关有蓝色和棕色两根引出线，使用时蓝色引出线应连接到 PLC 输入公共端，棕色引出线应连接到 PLC 输入端子。磁性开关的内部电路如图 10.36 虚线框内所示，为了防止实训时错误接线损坏磁性开关，YL－235A 上所有磁性开关的棕色引出线都串联了电阻和二极管支路。因此，使用时若引出线极性接反，该磁性开关不能正常工作。

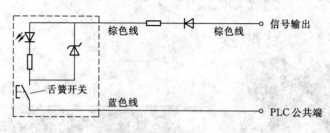

图 10.36　磁性开关的电路图

任务 10.5　学习三菱 FR－E700 系列变频器参数设置

　　三菱变频器是利用电力半导体器件的通断作用将工频电源转换为相同电压、另一频率的电能控制装置。三菱变频器主要采用交-直-交方式（VVVF 变频），先把工频交流电源通过整流器转换成直流电源，然后再把直流电源转换成频率、电压均可控制的交流电源以供给电动机。

　　使用三菱 PLC 的 YL－235A 设备中，变频器选用的是三菱 FR－E700 系列变频器中的 FR－E740－0.75K－CHT 型变频器，该变频器额定电压等级为三相 400V，适用电机容量 0.75kW 及以下的电动机。在 YL－235A 设备上进行的实训，所涉及的是了解变频器原理，熟悉变频器使用的基本知识，通过图纸能对变频器进行接线及常用参数的设置。

10.5.1　FR－E740 变频器的接线

　　1. 主电路的通用接线

　　图 10.37 为主电路的通用接线，图中有关说明如下：

　　(1) 端子 P1、P/＋之间用以连接直流电抗器，不需连接时，两端子间短路。

　　(2) P/＋与 PR 之间用以连接制动电阻器，P/＋与 N/-之间用以连接制动单元选件。YL－235A 设备均未使用，故用虚线画出。

　　(3) 交流接触器 MC 用作变频器安全保护的目的，注意不要通过此交流接触器来启动或停止变频器，否则可能降低变频器寿命。在 YL－235A 中，没有使用这个交流接触器。

　　(4) 进行主电路接线时，应确保输入、输出端不能接错，即电源线必须连接至 R/L1、S/L2、T/L3，绝对不能接 U、V、W，否则会损坏变频器。

　　2. 变频器控制电路的接线

　　图 10.38 中，控制电路端子分为控制输入、频率设定（模拟量输入）、继电器输出（异

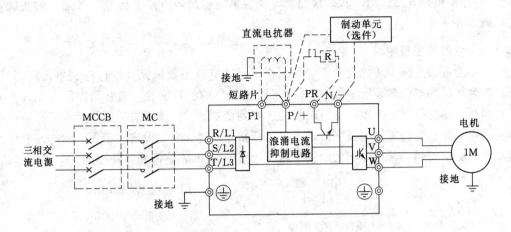

图 10.37　主电路的通用接线

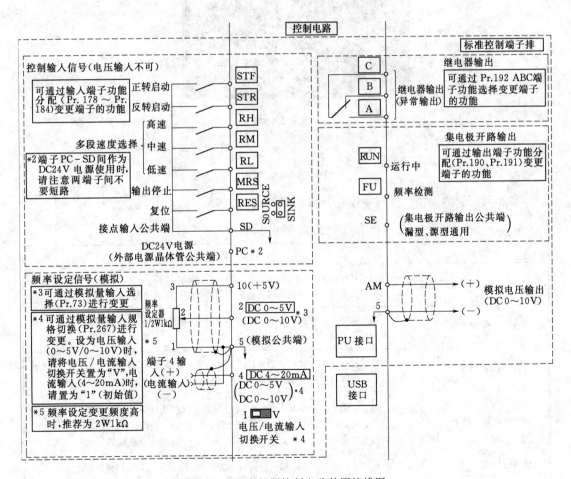

图 10.38　变频器控制电路外围接线图

常输出）、集电极开路输出（状态检测）和模拟电压输出等五部分区域，各端子的功能可通过调整相关参数的值进行变更。

10.5.2　变频器面板使用

使用变频器之前，首先要熟悉它的面板显示和键盘操作单元（或称控制单元），并且按使用现场的要求合理设置参数。FR-E740 变频器的参数设置，通常利用固定在其上的操作面板（不能拆下）实现，也可以使用连接到变频器 PU 接口的参数单元实现。使用操作面板可以进行运行方式、频率的设定、运行指令监视、参数设定、错误表示等。操作面板如图 10.39 所示，其上半部为面板显示器，下半部为 M 旋钮和各种按键。

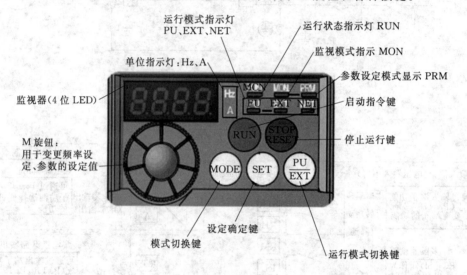

图 10.39　变频器面板

变频器面板的旋钮、按键功能和运行状态显示见表 10.1 和表 10.2。

表 10.1　　　　　　　　　　　　　　旋钮、按键功能

旋钮和按键	功　　能
M 旋钮（三菱变频器旋钮）	旋动该旋钮用于变更频率设定、参数的设定值。按下该旋钮可显示：①监视模式时的设定频率；②校正时的当前设定值；③报警历史模式时的顺序
模式切换键 MODE	用于切换各设定模式。和运行模式切换键同时按下，也可以用来切换运行模式。长按此键（2s）可以锁定操作
设定确定键 SET	各设定的确定。此外，当运行中按此键则监视器出现以下显示：运行频率→输出电流→输出电压→运行频率
运行模式切换键 PU/EXT	用于切换 PU/外部运行模式。使用外部运行模式（通过另接的频率设定电位器和启动信号启动的运行）时请按此键，使表示运行模式的 EXT 处于亮灯状态。切换至组合模式时，可同时按 MODE 键 0.5s，或者变更参数 Pr.79
启动指令键 RUN	在 PU 模式下，按此键启动运行。通过 Pr.40 的设定，可以选择旋转方向
停止运行键 STOP/RESET	在 PU 模式下，按此键停止运转。保护功能（严重故障）生效时，也可以进行报警复位

表 10.2　　　　　　　　　　　　　运 行 状 态 显 示

显　　示	功　　能
运行模式显示	PU：PU 运行模式时亮灯。 EXT：外部运行模式时亮灯。 NET：网络运行模式时亮灯
监视器（4 位 LED）	显示频率、参数编号等
监视数据单位显示	Hz：显示频率时亮灯。 A：显示电流时亮灯。 （显示电压时熄灯，显示设定频率监视时闪烁）
运行状态显示 RUN	当变频器动作中亮灯或者闪烁；其中：亮灯——正转运行中；缓慢闪烁（1.4s 循环）——反转运行中。 下列情况下出现快速闪烁（0.2s 循环）：①按键或输入启动指令都无法运行时；②有启动指令，但频率指令在启动频率以下时；③输入了 MRS 信号时
参数设定模式显示 PRM	参数设定模式时亮灯
监视器显示 MON	监视模式时亮灯

10.5.3　变频器的运行模式调整

运行模式是指对输入到变频器的启动指令和设定频率的命令来源进行指定。

使用控制电路端子、在外部设置电位器和开关来进行操作的是"外部运行模式"；使用操作面板或参数单元输入启动指令、设定频率的是"PU 运行模式"，通过 PU 接口进行 RS – 485 通信或使用通信选件的是"网络运行模式（NET 运行模式）"在此不讲通信。在进行变频器操作以前，必须了解其各种运行模式，才能进行各项操作。

FR – E740 变频器通过参数 Pr.79 的值来指定变频器的运行模式，设定值范围为 0（外部/PU 切换模式）；1（固定为 PU 运行模式）；2（固定为外部运行模式）；3（外部/PU 组合运行模式 1）；4（外部/PU 组合运行模式 2）；6（切换模式可以在保持运行状态的同时，进行 PU 运行、外部运行、网络运行的切换）；7（外部运行模式）。

修改 Pr.79 设定值的一种方法是：按 MODE 键使变频器进入参数设定模式；旋动 M 旋钮，选择参数 Pr.79，用 SET 键确定；然后再旋动 M 旋钮选择合适的设定值，用 SET 键确定；按两次 MODE 键后，变频器的运行模式将变更为设定模式，举例如图 10.40 所示。

10.5.4　变频器参数的设定

变频器参数的出厂设定值被设置为完成简单的变速运行。如需按照负载和操作要求设定参数，则应进入参数设定模式，先选定参数号，然后设置其参数值。设定参数分两种情况：一种是停机 STOP 方式下重新设定参数，这时可设定所有参数；另一种是在运行时设定，这时只允许设定部分参数，但是可以核对所有参数号及参数。图 10.41 是参数设定过程的一个例子，所完成的操作是把参数 Pr.1（上限频率）从出厂设定值 120.0Hz 变更为 50.0Hz，假定当前运行模式为外部/PU 切换模式（Pr.79＝0）。参数设定过程，需要先切换到 PU 模式下，再进入参数设定模式。

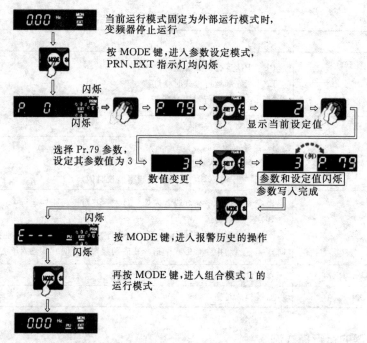

当前运行模式固定为外部运行模式时，变频器停止运行

按 MODE 键，进入参数设定模式，PRN、EXT 指示灯均闪烁

闪烁

闪烁

选择 Pr.79 参数，设定其参数值为 3

显示当前设定值

数值变更

参数和设定值闪烁
参数写入完成

闪烁

按 MODE 键，进入报警历史的操作

闪烁

再按 MODE 键，进入组合模式 1 的运行模式

图 10.40 变频器的运行模式设置

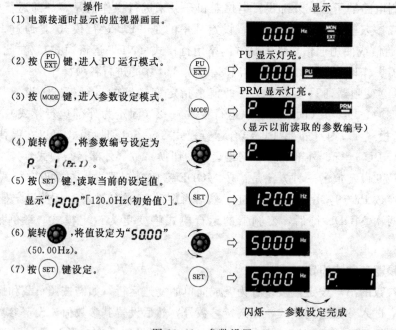

操作

(1) 电源接通时显示的监视器画面。

(2) 按 $\binom{PU}{EXT}$ 键，进入 PU 运行模式。

(3) 按 (MODE) 键，进入参数设定模式。

(4) 旋转 ，将参数编号设定为 P. 1 (Pr.1)。

(5) 按 (SET) 键，读取当前的设定值。
显示"120.0" [120.0Hz (初始值)]。

(6) 旋转 ，将值设定为"50.00" (50.00Hz)。

(7) 按 (SET) 键设定。

显示

PU 显示灯亮。

PRM 显示灯亮。
(显示以前读取的参数编号)

闪烁——参数设定完成

图 10.41 参数设置

由于 FR-E740 变频器有几百个参数，实际使用时，只需根据使用现场的要求设定部分参数，其余按出厂设定即可。一些常用参数，则是应该熟悉的。以下常用参数请通过设置训练掌握：

(1) 输出频率的限制（Pr.1、Pr.2、Pr.18）。为了限制电机的速度，应对变频器的输出频率加以限制。用 Pr.1"上限频率"和 Pr.2"下限频率"来设定，可将输出频率的上、下限位。

当在 120Hz 以上运行时，用参数 Pr.18"高速上限频率"设定高速输出频率的上限。

（2）加减速时间（Pr.7、Pr.8、Pr.20、Pr.21）参数的意义及设定范围见表 10.3。

表 10.3　　　　　　　　　　加减速时间相关参数的意义及设定范围

参数号	参数意义	出厂设定	设定范围	备　　注
Pr.7	加速时间	5s	0～3600/360s	根据 Pr.21 加/减速时间单位的设定值进行设定。初始值的设定范围为"0～3600s"、设定单位为"0.1s"
Pr.8	减速时间	5s	0～3600/360s	
Pr.20	加/减速基准频率	50Hz	1～400Hz	
Pr.21	加/减速时间单位	0	0/1	0：0～3600s；单位：0.1s 1：0～360s；单位：0.01s

设定说明：①用 Pr.20 为加/减速的基准频率，在我国就选为 50Hz；②Pr.7 加速时间用于设定从停止到 Pr.20 加/减速基准频率的加速时间；③Pr.8 减速时间用于设定从 Pr.20 加/减速基准频率到停止的减速时间。

（3）多段速运行模式的操作。变频器在外部操作模式或组合操作模式下，变频器可以通过外接的开关器件的组合通断改变输入端子的状态来实现。这种控制频率的方式称为多段速控制功能。

FR－E740 变频器的速度控制端子是 RH、RM 和 RL。通过这些开关的组合可以实现 3 段、7 段的控制。

转速的切换：由于转速的挡次是按二进制的顺序排列的，故三个输入端可以组合成 3～7 挡（0 状态不计）转速。其中，3 挡转速由 RH、RM、RL 单个通断来实现。7 挡转速由 RH、RM、RL 通断的组合来实现。

7 挡转速的各自运行频率则由参数 Pr.4～Pr.6（设置前 3 挡转速的频率）、Pr.24～Pr.27（设置第 4 挡转速至第 7 挡转速的频率）对应的控制端状态及参数关系如图 10.42 所示。

多段速度设定在 PU 运行和外部运行中都可以设定。运行期间参数值也能被改变。3 挡转速设定的场合（Pr.24～Pr.27 设定为 9999），2 挡转速以上同时被选择时，低速信号的设定频率优先。

最后指出，如果把参数 Pr.183 设置为 8，将 RMS 端子的功能转换成多速段控制端 REX，就可以用 RH、RM、RL 和 REX（由）通断的组合来实现 15 挡转速。

（4）参数清除。如果用户在参数调试过程中遇到问题，并且希望重新开始调试，可用参数清除操作方法实现。即在 PU 运行模式下，设定 Pr.CL 参数清除、ALLC 参数全部清除均为"1"，可使参数恢复为初始值（但如果设定 Pr.77 参数写入选择＝"1"，则无法清除）。

参数清除操作，需要在参数设定模式下，用 M 旋钮选择参数编号为 Pr.CL 和

ALLC，把它们的值均置为 1，操作步骤如图 10.43 所示。

参数号	出厂设定	设定范围	备　注
4	50Hz	0～400Hz	
5	30Hz	0～400Hz	
6	10Hz	0～400Hz	
24～27	9999	0～400Hz，9999	9999：未选择

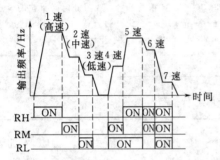

1 速(1 挡转速)：RH 单独接通，Pr.4 设定频率

2 速(2 挡转速)：RM 单独接通，Pr.5 设定频率

3 速(3 挡转速)：RL 单独接通，Pr.6 设定频率

4 速(4 挡转速)：RM、RL 同时接通，Pr.24 设定频率

5 速(5 挡转速)：RH、RL 同时接通，Pr.25 设定频率

6 速(6 挡转速)：RH、RM 同时接通，Pr.26 设定频率

7 速(7 挡转速)：RH、RM、RL 全部接通，Pr.27 设定频率

图 10.42　多段速参数设置

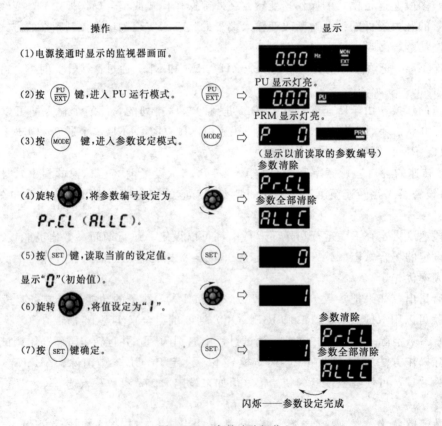

图 10.43　参数清除操作

任务 10.6　了解生产线工件识别控制任务

在工件的生产加工过程中，经常需要对不同材质或不同颜色的工件进行分类处理，只有识别出工件的种类才能完成相应的生产和加工，可见工件的识别是机电一体化设备的一项重要技术。YL-235A 型光机电一体化实训装置是通过传感器来完成工件的识别的。本项目通过完成调试工件识别装置，使大家学会传感器的使用和如何实现根据工件的不同完成工件的识别。

10.6.1　实训工具及器材

1. 清点工具、仪表

工件识别装置首先组装好皮带输送机，再安装传感器支架及传感器，所需的工具见表10.4。请选择所要用的工具和仪表，并检查各工具、仪表性能的好坏，再将全部工具、仪表放置在辅助工作台方便取用的位置，工具应分类摆开，排列有序。

表 10.4　　　　　　　　　　　　　工　具　清　单

编号	工具名称	规　　格	数量	主　要　作　用
1	内六角扳手	3mm、4mm、6mm 等	1 套	安装机架底脚螺栓
2	一字螺丝刀	微型	1 把	安装联轴器
3	一字螺丝刀	100mm	1 把	电路连接与部件安装
4	一字螺丝刀	150mm	1 把	电路连接与部件安装
5	十字螺丝刀	100mm	1 把	电路连接与部件安装
6	十字螺丝刀	150mm	1 把	电路连接与部件安装
7	尖嘴钳	150mm	1 把	部件安装与调整
8	活动扳手	200mm	2 把	安装警示灯
9	钢直尺	500mm	1 把	安装机架
10	钢直尺	150mm	1 把	安装与调整
11	水平尺	300mm	1 把	检测输送皮带水平
12	直角尺	150mm	1 把	测量机架高度
13	塞尺	—	1 把	检测间隙
14	剥线钳	可选择	1 把	电路连接安装线路
15	绘图工具	可选择	1 套	绘制电路原理图
16	电笔	可选择	1 支	带电检测
17	万用表	可选择	1 个	检测电动机与电源
18	软毛刷	中号	1 把	清扫安装平台与工位

2. 准备器材

YL－235A 型光机电一体化实训装置全部配置见表 10.5，采用标准结构和抽屉式模块放置架，有互换性。整个装置能够灵活的按教学项目要求选择需要的模块和机械部件组装成具有模拟生产功能的机电一体化设备。

表 10.5　　　　　　　　　　YL－235A 型光机电一体化实训装置配置清单

序号	名　　称	型　号　及　规　格	数量	单位
1	实训桌	1190mm×800mm×840mm	1	张
2	触摸屏模块单元		1	块
3	PLC模块单元	FX2N－48MR	1	台
4	变频器模块单元	E740，0.75kW	1	台
5	电源模块单元	三相电源总开关（带漏电和短路保护）1个，熔断器 3只，单相电源插座 2个，安全插座 5个	1	块
6	按钮模块单元	24V/6A、12V/2A 各一组；急停按钮 1只，转换开关 2只，蜂鸣器 1只，复位按钮黄色、绿色、红色各 1只，自锁按钮黄色、绿色、红色各 1只，24V 指示灯黄色、绿色、红色各 2只	1	套
7	物料传送机部件	直流减速电机（24V，输出转速 6r/min）1台，送料盘 1个，光电开关 1只，送料盘支架 1组	1	套
8	气动机械手部件	单出双杆气缸 1只，单出杆气缸 1只，气手爪 1只，旋转气缸 1只，电感式接近开关 2只，磁性开关 5只，缓冲阀 2只，非标螺丝 2只，双控电磁换向阀 4只	1	套
9	皮带输送机部件	三相减速电机（380V，输出转速 40r/min）1台，平皮带 1355mm×49mm×2mm 1条，输送机构 1套	1	套
10	物件分拣部件	单出杆气缸 3只，金属传感器 1只，光纤传感器 2只，光电传感器 1只，磁性开关 6只，物件导槽 3个，单控电磁换向阀 3只	1	套
11	接线端子模块	接线端子和安全插座	1	块
12	物料	金属 5个，尼龙黑白各 5个	15	个
13	安全插线		1	套
14	气管	$\phi4/\phi6$	1	套
15	PLC编程线缆		1	条
16	PLC编程软件		1	套
17	触摸屏与计算机通信线		1	条

续表

序号	名　称	型　号　及　规　格	数量	单位
18	触摸屏与 PLC 通信线		1	条
19	配套工具		1	套
20	线架		1	个
21	空气压缩机		1	台
22	电脑推车		1	台
23	计算机	品牌机	1	台
24	空气压缩机		1	台

根据图 10.44 的机械部件安装示意图，准备安装机械部件及固定各机械部件所需器材，连接气路、电路所需器材，然后清点全部器材并检查各器材是否完好，检查结束后，按安装的先后顺序放置在辅助工作台上，一些小的器材（如螺栓、螺母等）应用盒子分类放好。

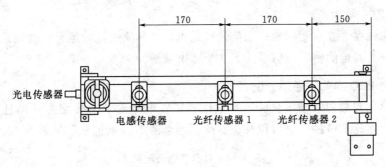

图 10.44　三种工件识别的机械部件安装

（注：皮带输送机的输送皮带上表面离安装平台台面的垂直高度为 140mm）

10.6.2　控制要求

工作任务：某生产线加工金属、白色塑料和黑色塑料三种工件，在该生产线的终端有一个识别装置，用以识别这三种工件。当按下该装置的启动按钮 SB4 时，设备启动，开始工件检测，皮带输送机以 15Hz 的频率正转运行，此时可以从进料口放入工件，当皮带输送机进料口检测到有工件时，输送皮带以 20Hz 的频率正转运行，将工件送到检测位置，当检测出工件的材质时，皮带输送机停止运行，直到皮带输送机上的工件被取走后再以 15Hz 的频率正转运行，准备下一工件的识别。

当按下停止按钮 SB5 后，设备在识别完当前工件后才停止工作。工件识别装置的输入和输出回路都要有电源指示。

请根据工件识别装置的工作要求，完成以下工作任务：

（1）按图 10.44 在安装平台上安装好皮带输送机、传感器，并自行确定接线排的安装位置。

（2）根据上述要求，画出在皮带输送机上识别工件的电气控制原理图。

（3）按照电气控制原理图连接好线路。

（4）根据工作过程要求设置变频器参数，使皮带输送机满足工作过程的运行要求。

（5）根据工作过程要求编写 PLC 程序。

（6）调试设备的 PLC 程序以达到工作过程要求。

任务 10.7 设计生产线工件分拣控制程序

YL－235A 型光机电一体化实训装置中的工件识别是通过皮带输送机上安装的传感器来实现的。完成 3 种工件识别的工作任务，可以按以下步骤进行。

10.7.1 确定 I/O 的点数

1. 确定 PLC 输入点数

根据工作要求，需要使用 3 个传感器来区分 3 种工件，在进料口还需要 1 个传感器作物料检测，共有 4 个传感器；工作过程还要求有 1 个启动按钮和 1 个停止按钮，所以共有 6 个输入信号，即 PLC 输入点数为 6 个，共需 6 个输入端子。

2. 确定 PLC 输出点数

根据工作过程，要求变频器控制皮带输送机以 2 种速度正转运行，变频器需要 3 个控制信号，而没有其他的输出，所以共需 3 个输出端子。

10.7.2 列出 PLC 的 I/O 通道分配表

根据 I/O 的点数以及输出量的工作电压和工作电流要求来分配 I/O 地址。由于输出只有变频器，因此 I/O 的地址可以任意分配。参考的 I/O 地址分配见表 10.6。

表 10.6 　　　　　　　　　　 PLC 的 I/O 分通道分配表

输 入 信 号			输 出 信 号		
名称	代号	输入点编号	名称	代号	输出点编号
停止按钮	SB4	X0	变频器	STF	Y10
启动按钮	SB5	X1	变频器高速	RH	Y11
物料检测（光电）		X2	变频器中速	RM	Y12
电感传感器		X3			
光纤传感器		X4			
光纤传感器		X5			

10.7.3 绘制电气控制原理图

由工作任务要求可知，电气控制原理图包括变频器的电气控制原理图和 PLC 的电气控制原理图。先绘制变频器的电气控制原理图，再根据列出的 PLC 的 I/O 地址分配表，绘制出 PLC 的电气控制原理图（图 10.45）。

注意：绘制电气控制原理图除要求正确外，所用元器件的图形符号还应符合国家标准。绘制的电气控制原理图要规范，图中所用组件应进行标注和说明。

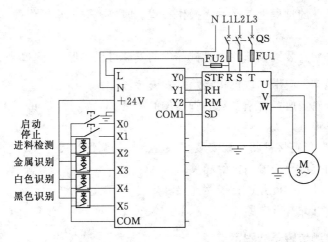

图 10.45　工件识别装置电气控制原理图

任务 10.8　安 装 各 机 械 部 件

10.8.1　安装前环境要求与安全要求

　　安装前，应确认安装平台已放置平稳，安装平台的窄槽内没有遗留的螺母或其他配件，然后用软毛刷将平台清扫干净。工件识别装置电气控制原理图如图 10.45 所示。

　　环境要求如下：

　　(1) 带漏电保护的三相电源。

　　(2) 安装平台上不允许放置其他器件、工具与杂物，要保持整洁。

　　(3) 在操作过程中，工具与器材不得乱摆乱放，更不得随意地放在安装平台上。上螺栓时要注意尽量不让螺栓掉进窄槽内。

　　(4) 操作过程中，要努力保持工位的整洁。工作结束后，要将工位整理好，收拾好器材与工具，清理台面和地上的杂物。

　　在装配工作过程中，必须做到"安全第一"，具体要遵守以下要求：

　　(1) 要正确使用一字螺丝刀或十字螺丝刀、尖嘴钳、剥线钳，防止在操作中发生螺丝刀或钳子伤手的事故。

　　(2) 机架与三相交流异步电动机等较重器材要小心搬放，防止在搬放过程中掉落造成器材损坏或伤人事故。

　　(3) 动态检测时要使用 AC 380V 电源，检测时必须遵守安全用电规程，必须在皮带输送机已完成安装，接线盒已盖好，三相交流异步电动机、变频器与机架已做好保护接地，并通过检测确认接线正确后才能送电进行检测，特别是变频器的电源输入和输出端不能接错。

　　(4) 拆装任何部件都要在停电状态下进行，特别是联轴器的拆装必须要先停电。

　　(5) 使用仪表带电测量时，一定要按照仪表使用的安全规程进行。

　　(6) 安装时，不得用工具敲击安装器件，以防造成器材或工具的损坏。

在完成工作任务的过程中务必遵守操作规程。时刻遵守安全操作规程，是我们应该养成的职业习惯。

按图 10.44 尺寸安装机械部件，机械部件的安装可以参照 10.8.2 来完成。

10.8.2 安装接线排、皮带输送机和警示灯安装步骤

（1）根据图纸确定放置机架安装底脚螺母的窄槽。

（2）组装好皮带输送机机架。

（3）使用"L"形连接件将机架安装在平台上，并调整好尺寸。

（4）安装三相交流异步电动机的相关部件。

（5）安装三相异步电机并进行线路连接。

（6）安装警示灯并进行电路连接。

10.8.3 安装各检测传感器的固定支架

按图 10.46 所示安装物料检测传感器的固定支架和工件识别传感器的三个固定支架。注意在安装传感器的固定支架之前先按图纸尺寸要求确定好安装位置。

（a）安装物料检测传感器的固定支架 　　　　（b）安装工件识别传感器的固定支架

图 10.46 传感器固定支架的安装步骤与方法

10.8.4 安装传感器

传感器固定支架安装牢固后，就可按图 10.47 所示的步骤和方法安装传感器。

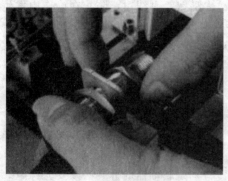

（a）安装物料检测传感器 　　　　　　　　（b）安装电感传感器

图 10.47（一） 传感器的安装步骤与方法

(c) 安装光纤传感器

(d) 通过"L"形连接件将光纤传感
器的放大器固定在安装平台上

图 10.47（二） 传感器的安装步骤与方法

任务 10.9 根据电气控制原理图安装电路

10.9.1 根据电气控制原理图安装电路

进行电气线路安装之前，首先确保电源开关处于断开位置，然后再按以下步骤和方法进行电气线路的安装：

（1）将电源警示灯、传感器和三相交流异步电动机的连线连接到接线排合适的位置。注意将动力线和信号线分开。

（2）按电气控制原理图先完成 PLC 输出回路和电源警示灯的连线，再进行 PLC 输入回路的线路连线。

（3）按照电气控制原理图完成变频器和三相交流异步电动机的线路连接。

（4）连接各模块的电源线。

10.9.2 电路检查

1. 通电前检查

电路安装结束后，一定要进行通电前检查，保证电路连接正确，没有外露铜丝过长、一个接线端子上有超过两个接头等不符合工艺要求的现象。另外，还要进行通电前的检测，确保电路中没有短路现象，否则通电后可能损坏设备。

2. 通电后检查和调整

在检查电路连接满足工艺要求，并且电路连接正确、无短路故障后，可接通电源，按以下步骤进行进一步的检查和调整。

（1）检查电源指示灯和变频器电源指示灯是否正常发光。

（2）检查物料检测是否正常。先在皮带输送机的进料口放入工件，观察光电传感器的指示灯是否变亮，对应的 PLC 输入端是否有输入信号；再将进料口的工件取走，观察物料检测传感器的指示灯是否熄灭，对应的 PLC 输入信号是否消失，即可检测出光电传感器的检测电路是否正常。

（3）调整传感器灵敏度，检查工件识别是否正常。传感器灵敏度的调节可按照如图

10.48 所示的方法来进行。在传感器检测位置放上相应材质的工件（电感传感器下放金属工件，光纤传感器下分别放置白色工件和黑色工件），观察 PLC 相应的输入端是否有信号，再将工件移开后，观察 PLC 相应的输入信号是否消失。另外，若光纤传感器的灵敏度要求是能检测出白色工件，但不能检测到黑色工件，则还要在光纤传感器位置放置黑色工件，观察对应的 PLC 输入端是否没有信号。

（a）光电传感器的调节

（b）电感传感器的调节

（c）光纤传感器的调节

图 10.48　传感器的调节方法

（4）检查开关和按钮回路是否正常。通过手动操作改变开关或按钮的状态，观察对应的 PLC 输入端的信号是否随之发生变化，即可检查开关和按钮回路是否正常。

任务 10.10　设置变频器参数

10.10.1　列出要设置的变频器参数表

根据皮带输送机能以两种速度正转运行，变频器需要设定 15 Hz 和 20 Hz 两种频率；另外，虽然工作任务中没有加/减速时间的要求，但是要求检测出工件材质，皮带输送机停止后，传感器能继续检测到工件，如果减速时间太长，则皮带输送机停止过程长，皮带输送机停止后，工件已不在传感器检测位置，所以还需要设定减速时间。需要设定的变频器参数及相应的参数值见表 10.7。

表 10.7   需要设置的变频器参数

序号	参数代号	参数值	说　明
1	P4	20Hz	高速
2	P5	15Hz	中速
3	P8	1s	减速时间
4	P79	2	电动机控制模式（外部操作模式）

10.10.2　设置变频器参数

先将变频器模块上的各控制开关置于断开位置，接通变频器电源，将变频器参数恢复为出厂设置，再依次设置表 10.7 所列出的参数，最后恢复到频率监示模式，操作各控制开关，检查各参数设置是否正确。

任务 10.11　根据工作过程要求编写 PLC 自动控制程序

10.11.1　分析工作过程要求

根据工作过程，主要有两部分要求：一是皮带输送机的运行要求；二是指示灯的指示要求。下面将这两部分要求分别进行分析。

（1）皮带输送机的运行要求。根据工作过程描述，皮带输送机的运行可以用图 10.49所示的工作流程图来描述。

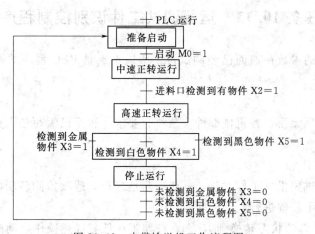

图 10.49　皮带输送机工作流程图

（2）电源指示的运行要求。给皮带输送机送电，电源指示灯应发光指示，但不是由PLC 控制电源指示灯运行，故不需编写 PLC 控制程序。

10.11.2　编写 PLC 控制程序

根据工作过程分析，编写皮带输送机运行的控制梯形图程序，参考梯形图程序如图10.50 所示，其中输出控制部分没有画出，请同学们自己完成。

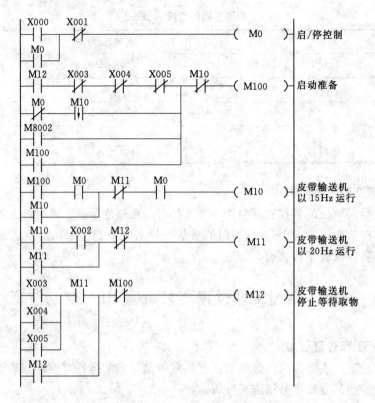

图 10.50　皮带输送机控制的部分梯形图程序

任务 10.12　运行调试工件识别控制程序

电路和变频器的参数在前面已经调试过，所以重点是 PLC 程序的调试。我们可以按以下步骤进行。

1. 下载 PLC 程序

在检查电路正确无误，各机械部件安装符合要求，程序已编写结束并检查无误后，可写入 PLC 程序。

2. 程序功能调试

程序功能的调试要根据工作过程，一步一步地进行，逐项检测各项要求是否已得到满足。本任务可按以下步骤进行。

第一步：把 PLC 的状态转换到 RUN。按照工作任务描述操作启动按钮，检查皮带输送机是否以 15Hz 的频率中速运行。

第二步：从进料口放入工件，检查皮带输送机是否以 20Hz 的频率高速运行，当检测出工件材质后，观察皮带输送机是否停止，指示灯 HL2 的指示是否正确。

第三步：取走工件，观察皮带输送机是否又以 15Hz 的频率运行，同时检查各机械传动部件是否达到了规定的工艺要求。

第四步：一种工件识别结束后，再进行另外两种工件的识别。从进料口放入材质不同的工件，重复第二、第三步。

如果每一步都满足要求，则说明程序完全符合工作过程要求。如果有不满足控制要求的现象，则查明原因，进行修正后再重新调试。

3. 思考

（1）列出将皮带输送机安装在安装平台上的方法和步骤，在安装传感器时，感觉有困难吗？请说明有什么困难。

（2）在完成工作任务过程中，传感器需要进行灵敏度调节吗？

（3）如何调节光电传感器的灵敏度？改变光电传感器的灵敏度后，其检测结果有何变化？

（4）如何调节光纤传感器的灵敏度？改变其灵敏度后，检测结果有何变化？

（5）在绘制电路原理图时，有什么困难？

（6）安装电路后，做过哪些检测？检测到什么故障？通过什么方法排除故障？

（7）在调试过程中发现哪些问题？是什么原因造成的？怎样解决这些问题？

4. 项目评价

项目评价见表 10.8～表 10.10。

表 10.8　　　　　　　　　　　　　　自 我 评 价（自评）

项目内容	配分	评 分 标 准	扣分	得分
实训报告	20	内容包含：①项目名称；②控制任务；③PLC 的 I/O 出点分配表；④梯形图；⑤PLC 外围接线图；⑥实训项目主要器材；⑦本人姓名及小组成员名单		
PLC 程序编制	20	（1）能正确编写程序，出现一个错误扣 2 分。 （2）能正确分析工作过程，出现一个错误扣 2 分。 （3）不能正确输入，每个错误扣 2 分		
机械部分的安装，变频器的设置，连接 PLC 的外围电路接线	30	（1）安装、接线正确规范，设置正确得 20 分。 （2）错误每处扣 3～5 分		
运行调试	20	（1）第一次运行，结果符合控制任务要求得 20 分。 （2）第二次运行，结果符合控制任务要求得 10 分。 （3）第三次运行，结果符合控制任务要求得 5 分		
安全、文明操作	10	（1）违反操作规程，产生不安全因素，扣 2～7 分。 （2）迟到、早退，扣 2～7 分		
总评分＝（1～5 项总分）×40%				

表 10.9　　　　　　　　　　　　　　小 组 评 价（互评）

项 目 内 容	配分	评分
实训记录与自我评价情况	20	
对实训室规章制度的学习与掌握情况	20	
相互帮助与沟通协作能力	20	
安全、质量意识与责任心	20	
能否主动参与整理工具、器材与清洁场地	20	
总评分＝（1～5 项总分）×30%		

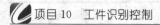

表 10.10　　　　　　　　　　　教 师 总 体 评 价

教师总体评价意见：

教师评分（30）	
总评分＝自我评分＋小组评分＋教师评分	
教师签名：　　　　年　月　日	

机械手运行控制

课时分配

建议学时：12 学时。

学习目标

(1) 掌握亚龙 YL-235A 型光机电一体化实训考核装置中机械手的构成。

(2) 掌握二位五通双控电磁阀和二位五通单控电磁阀的使用。

(3) 掌握限位传感器（限位开关）的应用。

(4) 掌握机械手电气控制原理图原理并根据其连接电路。

(5) 根据机械手 4 个气缸的气路要求画出气路控制图并能连接气路。

(6) 能够根据控制要求编制机械手运行控制程序。

(7) 能进行机械手控制的运行调试。

任务 11.1　了解机械手运行控制任务

11.1.1　实训工具及器材

1. 工具、仪表

模拟生产线工件分拣控制所需的工具见表 11.1。选择所要用的工具和仪表，并检查各工具、仪表的性能好坏，再将全部工具、仪表放置在辅助工作台方便取用的位置，工具应分类摆开，排列有序。

表 11.1　　　　　　　　　工　具　清　单

编号	工具名称	规　格	数量	主　要　作　用
1	内六角扳手	3mm、4mm、6mm 等	1 套	安装与调整
2	一字螺丝刀	100mm	1 把	电路连接与部件安装
3	一字螺丝刀	150mm	1 把	电路连接与部件安装
4	十字螺丝刀	100mm	1 把	电路连接与部件安装
5	十字螺丝刀	150mm	1 把	电路连接与部件安装
6	尖嘴钳	150mm	1 把	部件安装与调整
7	活动扳手	200mm	2 把	安装警示灯
8	剥线钳	可选择	1 把	电路连接安装线路

编号	工具名称	规　　格	数量	主　要　作　用
9	绘图工具	可选择	1套	绘制电路及气路原理图
10	电笔	可选择	1支	带电检测
11	万用表	可选择	1个	检测电动机与电源
12	软毛刷	中号	1把	清扫安装平台与工位

2. 实训设备

YL-235A 型光机电一体化实训装置提供了一个典型的、可进行综合训练的工程实践环境，本项目利用这套装置实现机械手运行控制任务，设备清单见表 11.2，采用其他功能相似的实训设备也是可以的，设计方法类似。

表 11.2　　　　　　　　　　　设　备　清　单

序号	名　　称	型　号　及　规　格	数量	单位
1	实训桌	1190mm×800mm×840mm	1	张
2	PLC 模块单元	FX2N-48MR	1	台
4	电源模块单元	三相电源总开关（带漏电和短路保护）1 个，熔断器 3 只，单相电源插座 2 个，安全插座 5 个	1	块
5	按钮模块单元	24V/6A、12V/2A 各一组；急停按钮 1 只，转换开关 2 只，蜂鸣器 1 只，复位按钮黄色、绿色、红色各 1 只，自锁按钮黄色、绿色、红色各 1 只，24V 指示灯黄色、绿色、红色各 2 只	1	套
6	气动机械手部件	单出双杆气缸 1 只，单出杆气缸 1 只，气手爪 1 只，旋转气缸 1 只，电感式接近开关 2 只，磁性开关 5 只，缓冲阀 2 只，非标螺丝 2 只，双控电磁换向阀 4 只	1	套
7	接线端子模块	接线端子和安全插座	1	块
8	物料	金属 5 个，尼龙黑白各 5 个	15	个
9	安全插线		1	套
10	气管	φ4/φ6	1	套
11	PLC 编程线缆	亚龙	1	条
12	线架		1	个

11.1.2　控制要求

机械手搬运工件全过程由悬臂气缸、手臂气缸、气爪气缸和旋转气缸 4 个气缸之间的动作组合来完成。

搬运机械手要将在位置 A 处的工件搬运到位置 B 进行下一工序的加工。在启动前或正常停止后机械手必须停留在原位，也就是初始位置。

机械手的初始位置：机械手的悬臂气缸停留在左限位，悬臂气缸和手臂气缸的活塞杆均缩回，气爪处于松开状态。

当接通机械手的工作电源，按下启动按钮 SB5，机械手将按以下动作顺序搬运工件（图 10.3）：悬臂气缸活塞杆伸出→伸出到前限位→传感器接到信号后手臂气缸活塞杆伸出→伸出到下限位后延时 0.5s 气爪夹紧→再延时 0.5s→手臂气缸的活塞杆缩回→缩回到上限位传感器接到信号后悬臂气缸活塞杆缩回→缩回到后限位传感器接到信号后旋转气缸驱动机械手右转→右转到右限位传感器接到信号后悬臂气缸活塞杆伸出→伸出到前限位传感器接到信号后手臂气缸活塞杆伸出→伸出到下限位后延时 0.5s 气爪松开→机械手臂的活塞杆缩回→缩回到上限位传感器接到信号后悬臂气缸活塞杆缩回→缩回到后限位传感器接到信号后旋转气缸驱动机械手左转→返回到初始位置，机械手完成搬运工作的一个循环。

11.1.3　相关知识

11.1.3.1　机电设备的初始位置

很多机电设备都需要设置初始位置，当设备中的相关部件不在初始位置时，设备就不能启动运行。例如汽车发动时，离合器必须在"离"的位置或挡位必须在"空挡"的位置，否则会造成汽车发动机带负荷启动而损坏零件；也可能会因为方向盘没有打好造成汽车乱跑的事故。为了保证设备和人身安全，机电设备必须设置初始位置。

1. 机械手有初始位置的要求

任何有程序控制的机械设备或装置都有初始位置，它是设备或装置运行的起点。初始位置的设定不能随意设置，应结合设备或装置的特点和实际运行状况进行设置。

机械手的初始位置要求所有气缸活塞杆均缩回。由于机械手的所有动作都是通过气缸来完成的，因此初始位置也就是机械手正常停止的位置。因为停止的时间有可能比较长，如果停止时气缸的活塞杆处于伸出状态，活塞杆表面长时间暴露在空气中，容易受到腐蚀和氧化，导致活塞杆表面光洁度降低，引起气缸的气密性变差。当气缸动作时活塞杆缩进、伸出，由于表面光洁度降低，就好像拿一把锉刀在锉气缸内的密封圈，时间长了就会引起气缸漏气。一旦漏气，气缸就不能稳定地工作，严重时还会造成气缸损坏。因此初始位置要求所有气缸活塞杆均缩回，保证了气缸的正常使用寿命。从安全的角度出发，气缸的稳定工作也保证了机械手的安全运行。由于机械手的旋转气缸没有活塞杆，初始位置机械手的悬臂气缸如果停留在右限位，也是可以的。

2. 旋转气缸转动时悬臂气缸活塞杆处于缩回状态

在旋转气缸动作时，机械手悬臂伸出越长，悬臂气缸活塞杆受到的作用力就越大，旋转气缸转轴转动时要做的功也越大。如图 11.1 所示，图中机械手悬臂气缸活塞杆伸出时，旋转气缸轴心到手臂气缸活塞杆的垂直距离为 278mm；缩回时的垂直距离为 178mm。如果机械手悬臂伸出较长，旋转时会增加启动负荷，停止时会增加对设备的冲击，容易造成悬臂气缸活塞杆扭曲变形和设备的损坏，如图 11.2 所示。因此，从设备安全运行的角度出发，旋转气缸转动时悬臂气缸活塞杆必须处于缩回状态。

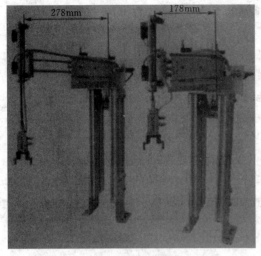

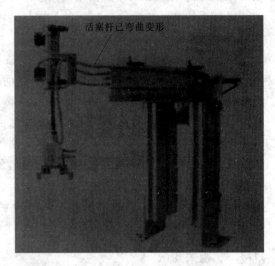

图 11.1　悬臂伸出与不伸出的力矩不同　　　　图 11.2　伸出太长活塞杆变形

11.1.3.2　气爪在抓取工件前后和放置工件前有延时

这种设计思路唯一的目的是让气爪能稳定可靠地抓取和放置工件。因为气爪较小，当手臂气缸活塞杆下降到下限位传感器接到信号时，直接驱动气爪夹紧，一方面显得很仓促，另一方面要夹准工件，对设备的调试精度要求很高：首先要将气爪的中心与工件停留位置的中心对准，然后又要确保每次送过来的工件停留位置一致，另外手臂气缸下限位传感器安装的位置要合适，偏高会造成手臂气缸活塞杆的行程没到底就驱动气爪夹紧，工件会被气爪撞击。

若在气爪夹紧工件手臂气缸活塞杆提升的环节里加入延时，就能可靠地将工件提升搬运。在机械手放置工件前加延时，一方面是为了让手臂气缸活塞杆下降到最低点；另一方面在降到最低处后有个停顿，能消除工件下降过程中的惯性作用，使工件以最小的冲击力平稳地放到位置上。这些细节上的要求在调试设备时，可以更了解它的重要性。

11.1.3.3　机械手每个动作之间的转换都通过传感器的位置信号控制

通过传感器来检测机械手的每个动作执行情况是否到位，能确保机械手完整地执行每个搬运环节，可靠地完成整个工作过程。这种控制方式属于状态控制，是目前机械设备操控设计普遍采用的控制方法。它能使机械设备准确无误地完成工作任务，一旦出现故障，设备维修人员能快速准确地判断故障出现的位置，及时修复。

11.1.3.4　停止信号的处理

在机械手运行过程中，按下停止按钮 SB6，要求机械手完成当前工件的搬运后，回到原位停止。也就是当停止信号出现时不能立即停止，必须让机械手完成一个工作循环后才能停止。那么首先要分清楚机械手一个工作循环的起点和终点，工作任务中讲的初始位置就是机械手一个工作循环的起点和终点。编写程序时可利用一个辅助继电器 M，通过停止信号使辅助继电器 M 吸合并自锁，利用启动信号切断回路使 M 复位，然后在最后一个步进完成时，将辅助继电器 M 的常开触点串进输出停止步进的回路，将辅助继电器 M 的常闭触点串进输出启动步进的回路，就可符合工作任务的要求。

如果机械手在搬运过程中遇到突然断电等突发情况，要保证机械手所有气缸的气路状态断电瞬间不改变、夹持的工件不掉下，电磁阀的配置就需要有选择。要做到上述功能，机械手的悬臂气缸、手臂气缸、旋转气缸必须用二位五通双控电磁阀驱动。气爪气缸一般情况下选用二位五通单控电磁阀。我们来分析一下气爪的工作过程：机械手手臂降到 A 处气爪夹紧工件，运到 B 处放下，那么我们只要使气爪夹工件前松开一次、夹紧后搬运到 B 处放料时再松开一次，其余时间段全部夹紧。让二位五通单控电磁阀线圈通电时气爪松开，断电时气爪夹紧，那么无论在哪个环节，即使遇到突然断电等突发情况，夹持的工件也不会掉下。这样的配置，电磁阀线圈通电时间很短，既节约用电，也延长了电磁阀的使用寿命，更保证了机械手搬运工件过程中的安全运行。可见要多方面的考虑才能够满足设备安全运行需要。

任务 11.2　编制 PLC 的 I/O 接口分配表

根据控制要求，编制 PLC 的 I/O 接口分配表见表 11.3。

表 11.3　机械手运行控制 PLC 的 I/O 元件地址分配表

输　　入		输　　出	
启动按钮 SB5	X0	驱动悬臂伸出	Y0
停止按钮 SB6	X1	驱动悬臂缩回	Y1
悬臂气缸前限位传感器	X2	驱动手臂下降	Y2
悬臂气缸后限位传感器	X3	驱动手臂上升	Y3
手臂气缸下限位传感器	X4	驱动机械手向右旋转	Y4
手臂气缸上限位传感器	X5	驱动机械手向左旋转	Y5
旋转气缸左限位传感器	X6	驱动气爪夹紧	Y6
旋转气缸右限位传感器	X7	驱动气爪放松	Y7
气爪、气缸夹紧限位传感器	X10		

任务 11.3　绘制 PLC 外部控制接线图、气动系统图

根据 PLC 的 I/O 接口分配表，绘出 PLC 外部控制接线图如图 11.3 所示。

根据机械手控制要求，绘出气动系统图，如图 11.4 所示。

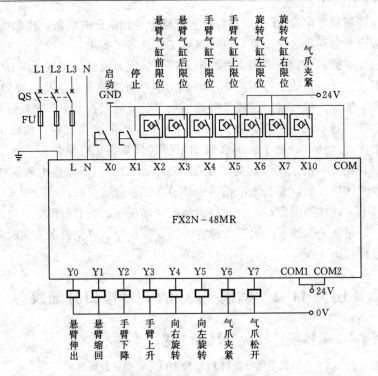

图 11.3 机械手电气控制原理图

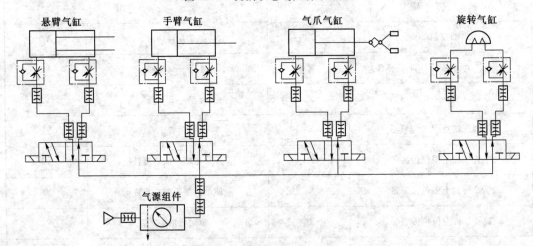

图 11.4 机械手气动系统图

任务 11.4 控制电路及气路连接

根据机械手电气控制原理图（图 11.4），以及设备 I/O 端子接线图，对设备 I/O 元器件进行电器线路连接。根据图 11.1 机械手气动系统图进行气路连接。

操作步骤如下：

（1）连接传感器至端子排。

（2）连接输出元件至端子排。

（3）连接电动机至端子排。

（4）连接 PLC 的输入信号端子至端子排。

（5）连接 PLC 的输入信号端子至按钮模块。

（6）连接 PLC 的输出信号端子至端子排（负载电源暂不连接，待 PLC 模块调试成后连接）。

（7）连接 PLC 的输出信号端子至变频器。

（8）连接机械手气路系统。

（9）电路、气路检查应正确无误。

任务 11.5 设计机械手控制程序

参考梯形图如图 11.5 所示。

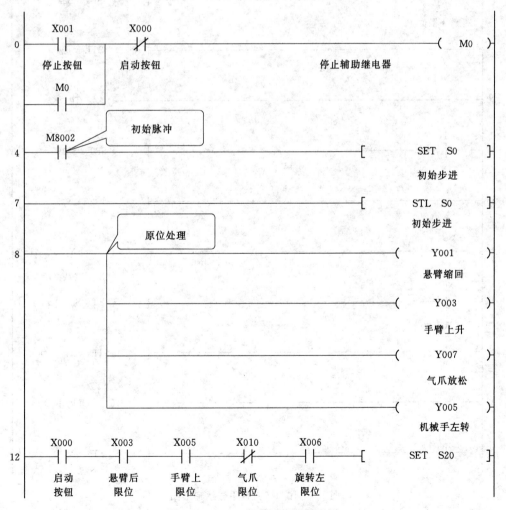

图 11.5（一） 机械手搬运梯形图

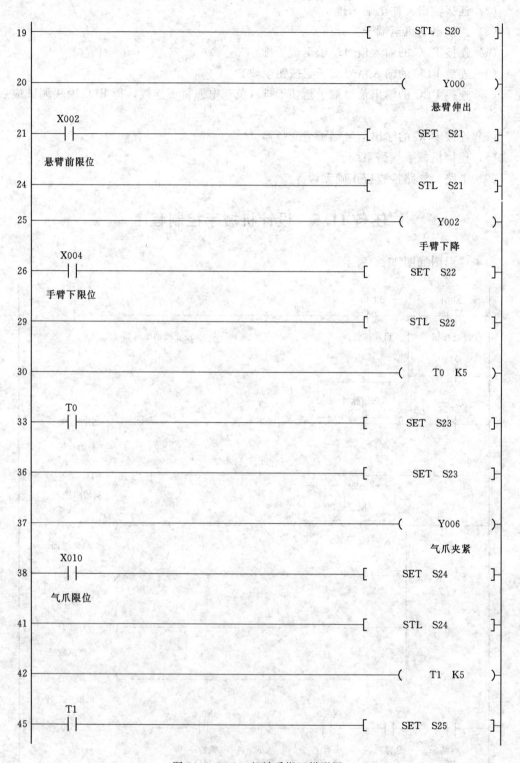

图 11.5（二）　机械手搬运梯形图

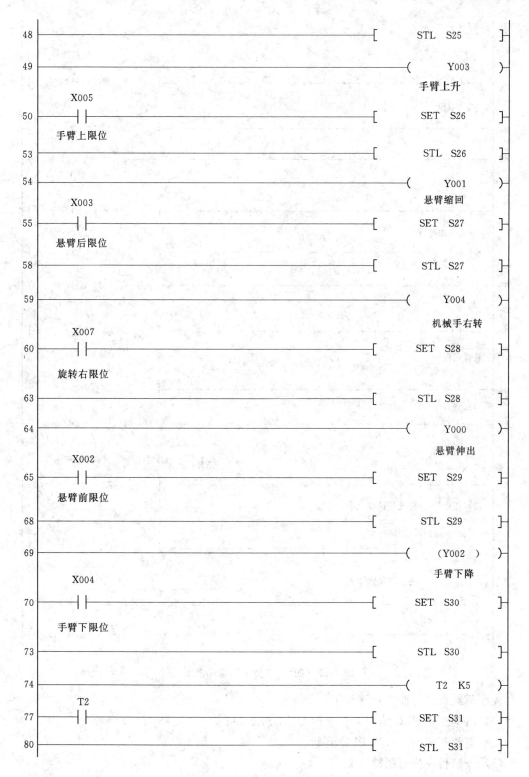

48		[STL S25]
49		(Y003) 手臂上升
50	X005 手臂上限位	[SET S26]
53		[STL S26]
54		(Y001) 悬臂缩回
55	X003 悬臂后限位	[SET S27]
58		[STL S27]
59		(Y004) 机械手右转
60	X007 旋转右限位	[SET S28]
63		[STL S28]
64		(Y000) 悬臂伸出
65	X002 悬臂前限位	[SET S29]
68		[STL S29]
69		(Y002) 手臂下降
70	X004 手臂下限位	[SET S30]
73		[STL S30]
74		(T2 K5)
77	T2	[SET S31]
80		[STL S31]

图 11.5（三） 机械手搬运梯形图

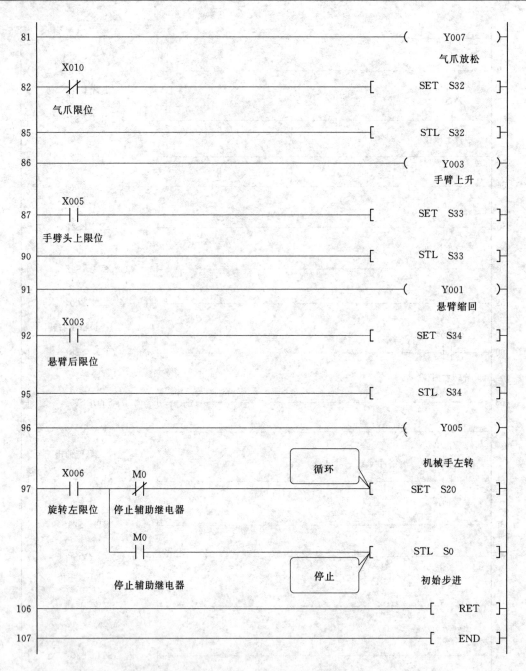

图 11.5（四） 机械手搬运梯形图

程序下载调试与监控步骤如下：

（1）启动三菱 PLC 编程工程软件 GX Developer。

（2）创建新文件，选择 PLC 类型。

（3）按照程序梯形图输入程序。

（4）先将 PLC 切换到 STOP 状态，操作电脑清除 PLC 内存，再将编写好的程序下载到 PLC 中。

（5）将 PLC 切换到 RUN 状态，再将电脑程序切换到监控状态。

任务 11.6　运行调试机械手控制程序

11.6.1　气路调试

气动系统的安装并不是简单地用管子把各阀连接起来，安装实际上是设计的延续。作为一种生产设备，它首先应保证运行可靠、布局合理、安装工艺正确、将来维修检测方便。安装时根据气动系统原理图进行气路连接。目前气动系统的安装一般采用紫铜管卡套式连接和尼龙软管快插式连接两种，卡套式接头安装牢固可靠，一般用于定型产品。YL-235实训考核装置采用尼龙软管快插式。

按图核对组件的型号和规格，认清各气动组件的进、出口方向；接着根据各元器件在工作台上的位置量出各组件间所需管子的长度，长度选取要合理，避免气管过长或过短；走线尽量避开设备工作区域，防止对设备动作干扰；气管应利用塑料扎带绑扎起来，绑扎间距为 50～80mm，间距均匀；注意压力表要垂直安装，表面朝向要便于观察。接通气泵工作电源，气源的气压达到 0.4～0.5MPa 后，开启气源的总气阀和气动二联件上的阀门给机构供气。检查气路是否漏气，再用手按动相关气动电磁阀，检查气动电磁阀动作是否正常，若发现气缸的运动速度过快，应调整节流阀至合适开度以得到合适运动速度；若发现气缸动作相反可对调相应的气管。

11.6.2　传感器调试

调整传感器的位置，观察传感器是否点亮，还要观察 PLC 的输入指示 LED 灯。动作气缸，调整、固定各磁性传感器。

PLC 运行后，初始脉冲 M8002 置位初始步进 S0，集中输出 Y001、Y003、Y005、Y007（程序步 8～11），目的是使所有气缸满足初始位置要求。此时要检查每个气缸是否符合初始位置要求，不符合要求的须调换该气缸与电磁阀连接的气路，然后可在监控状态下调试程序。

11.6.3　项目评价

项目评价见表 11.4 和表 11.5。

表 11.4　　　　　　　　　　　　　自 我 评 价（自评）

项 目 内 容	配分	评 分 标 准	扣分	得分
实训报告	20	内容包含：①项目名称；②控制任务；③PLC 的 I/O 点分配表；④梯形图；⑤PLC 外围接线图；⑥气动系统图；⑦实训项目主要器材；⑧本人姓名及小组成员名单		
PLC 程序编制	20	（1）能正确编写程序，出现一个错误扣 2 分。 （2）能正确分析工作过程，出现一个错误扣 2 分。 （3）不能正确输入，每个错误扣 2 分		

续表

项 目 内 容	配分	评 分 标 准	扣分	得分
机械部分的安装，变频器的设置，气路安装，连接 PLC 的外围电路接线	30	(1) 安装、接线正确规范，设置正确得 20 分。 (2) 安装、连接线错误每处扣 3～5 分		
运行调试	20	(1) 第一次运行，结果符合控制任务要求得 20 分。 (2) 第二次运行，结果符合控制任务要求得 10 分。 (3) 第三次运行，结果符合控制任务要求得 5 分。		
安全、文明操作	10	(1) 违反操作规程，产生不安全因素，扣 2～7 分。 (2) 迟到、早退，扣 2～7 分		
总评分 = （1～5 项总分）×40%				

表 11.5　　　　　　　　　　小 组 评 价 （互 评）

项 目 内 容	配分	评 分
实训记录与自我评价情况	20	
对实训室规章制度的学习与掌握情况	20	
相互帮助与沟通协作能力	20	
安全、质量意识与责任心	20	
能否主动参与整理工具、器材与清洁场地	20	
总评分 = （1～5 项总分）×30%		

任务 11.7　功 能 指 令 介 绍

功能指令是 PLC 数据处理能力的标志。PLC 基本指令主要是基于继电器、定时器、计数器类软元件的逻辑处理的指令。作为工业控制计算机，PLC 仅有基本指令是远远不够的，现代工业控制在许多场合还需要进行数据处理，因而 PLC 制造商逐步在 PLC 中引入功能指令（Functional Instruction）或称为应用指令（Applied Instruction），用于数据的传送、运算、变换及程序控制等功能，这类指令实际上就是一个功能完整的子程序，它大大提高了 PLC 的控制能力。

11.7.1　数据类编程元件的结构形式

11.7.1.1　基本形式

FX2N 系列 PLC 数据类元件的基本结构为 16 位存储单元。最高位（第 16 位）为符号位，机内的 T、C、D、V、Z 元件均为 16 位元件，称为字符件。

11.7.1.2　双字符件

为了完成 32 位数据的存储，可以使用两个字符件组成双字符件。其中低位元件存储 32 位数据的低位部分，高位元件存储 32 位数据的高位部分。最高位（第 32 位）为符号位。在指令中使用双字符件时，一般只用其低位地址表示这个元件，其高位同时被指令占用。虽然取奇数或偶数地址作为双字符件的低位是任意的，但为了减少元件安排上的错误，建议用偶数作为双字符件的元件号。

11.7.1.3　位组合元件

位组合元件提供了用输入继电器 X、输出继电器 Y、辅助继电器 M 及状态继电器 S 等位元件 4 位一组存储数字数据的方法。表达为 KnX、KnY、KnM、KnS。其中"n"取 1~8，最大可组成 32 位存储单元。如 KnX000 表示位组合元件是由从 X000 开始的 n 组位元件组合。若 n 为 1，则 K1X000 指由 X000、X001、X002、X003 4 位输入继电器的组合；而 n 为 2，则 K2X000 是指 X000~X007 8 位输入继电器的 2 组组合。除此之外，位组合元件还可以变址使用，如 KnXZ 等。位组合元件提供了一种用位元件存储数字数据的方法。

11.7.2　数据类编程元件的种类

11.7.2.1　数据寄存器（D）

数据寄存器是用于存储数值数据的软元件，以十进制编号。FX2N 系列机中为 16 位（最高位为符号位，数值范围为 −32768~+32768）。如将 2 个相邻的数据寄存器组合，可存储 32 位（最高位为符号位，数值范围为 −2147483648~+2147483648）的数值数据。

常用数据寄存器有以下几类。

1. 通用数据寄存器（D0~D199 共 200 点）

通用数据寄存器不具备断电保持功能（如果特殊辅助继电器 M8033 为 ON 时，则可以保持）。

2. 断电保持数据寄存器（D200~D511 共 312 点）

只要不改写，无论 PLC 是从运行到停止，还是停电时，断电保持数据寄存器将保持原有数据而不丢失。

数据寄存器的掉电保持功能也可通过外围设备设定，实现通用到断电保持或断电保持到通用的调整。以上的设定范围是出厂时的设定值。

3. 特殊数据寄存器（D8000~D8255 共 256 点）

特殊数据寄存器供监控机内元件的运行方式用。在电源接通时，利用系统只读存储器写入初始值。

例如，在 D8000 中，存有监视定时器的时间设定值。它的初始值由系统只读存储器在通电时写入。要改变时可利用传送指令（FNC 12 MOV）写入，如图 11.6 所示。

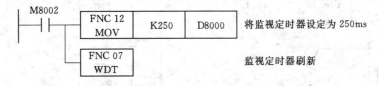

图 11.6　特殊数据寄存器数据的写入

注意：未定义的特殊数据寄存器不要使用。

11.7.2.2　变址寄存器（V0~V7、Z0~Z7 共 16 点）

变址寄存器 V、Z 和通用数据寄存器一样，是进行数值数据读、写的 16 位数据寄存器。主要用于运算操作数地址的修改。

进行 32 位数据运算时，将 V0～V7、Z0～Z7 对号结合使用，如指定 Z0 为低位，则 V0 为高位，组合成为（V0，Z0）。变址寄存器 V、Z 的组合如图 11.7 所示。

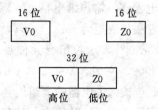

图 11.7　变址寄存器 V、Z 的组合

可以用变址寄存器变址的软元件是：X、Y、M、S、P、T、C、D、K、H、KnX、KnY、KnM、KnS。但是，变址寄存器不能修改 V 与 Z 本身或位数指定用的 Kn 参数。例如 K4M0Z 有效，而 K0ZM0 无效。

11.7.2.3　文件寄存器（D1000～D2999 共 2000 点）

在 FX2N 可编程控制器的数据寄存器区域，D1000 号以上的数据寄存器为通用停电保持寄存器。利用参数设置可作为最多 7000 点的文件寄存器使用，文件寄存器实际上是一类专用数据寄存器，用于集中存储大量的数据，例如采集数据、统计计算数据、多组控制参数等。

11.7.2.4　指针

指针用作跳转、中断等程序的入口地址，与跳转、子程序、中断程序等指令一起应用。地址号采用十进制数分配。按用途可分为分支类指针 P 和中断用指针 I 两类，其中中断用指针又可分为输入中断用、定时器中断用及计数器中断用等三种。

1. 指针 P

指针 P 用于分支指令，其地址号 P0～P127，共 128 点。P63 相当于 END 指令。应用举例如图 11.8 所示。

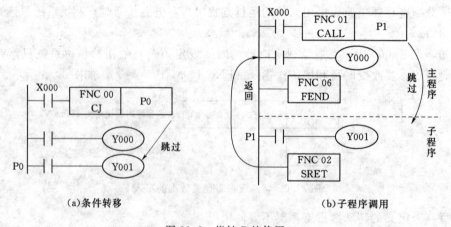

（a）条件转移　　　　　　　　　　　（b）子程序调用

图 11.8　指针 P 的使用

图 11.8（a）所示为指针在条件转移时使用，图 11.8（b）所示为指针在子程序调用时使用。在编程时，指针编号不能重复使用。

2. 指针 I

指针 I 根据用途又分为 3 种类型。

（1）输入中断用指针输入中断用指针 I00×～I50×，共 6 点。指针的格式如下：

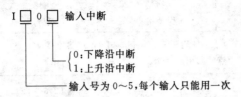

于输入口 X000～X005 的信号触发。这些输入口可以处理比扫描周期短的输入中断信号。上升或下降沿指对输入信号类别的选择。

例如，1001 为输入 X000 从 OFF→ON 变化时，执行由该指针作为标号的中断程序，并在执行 IRET 指令时返回。

（2）定时器中断用指针定时器中断用指针 I6××～I8××，共 3 点。指针的格式如下：

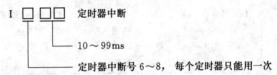

定时器中断为机内信号中断，由指定编号为 6～8 的专用定时器控制。设定时间在 10～99ms 间选取，每隔设定时间中断一次，用于不受 PLC 扫描周期影响的循环中断处理控制程序。例如，I610 为每隔 10ms 就执行标号为 I610 的中断程序一次，在 IRET 指令执行时返回。

（3）高速计数器中断用指针计数器中断用指针 1010～1060，共 6 点。指针的格式如下：

I 0 □ 0

计数器中断号 1～6，每个中断号只能用一次

计数器中断可根据 PLC 内部的高速计数器置位指令 HSCS 执行中断程序。

11.7.3　FX2N 系列可编程控制器存储器组成

FX2N 系列可编程控制器的全部编程元件已经介绍完。将各种元件进行归纳，可以绘出一张 FX2N 系列 PLC 存储器组成表，见表 11.6。掌握这些元件的类型、数量、地址编排、使用特性对正确编程十分重要。

表 11.6　　　　　　　　　　　**FX2N 系列 PLC 存储器组成表**

类型	FX$_{2N}$-16M	FX$_{2N}$-32M	FX$_{2N}$-48M	FX$_{2N}$-64M	FX$_{2N}$-80M	FX$_{2N}$-128M	扩展单元
输入继电器 X	X000～X007 8 点	X000～X017 16 点	X000～X027 24 点	X000～X037 32 点	X000～X047 40 点	X000～X077 64 点	X000～X267 184 点
输出继电器 Y	Y000～Y007 8 点	Y000～Y017 16 点	Y000～Y027 24 点	Y000～Y037 32 点	Y000～Y047 40 点	Y000～Y077 64 点	Y000～Y267 184 点

续表

类型	FX₂N-16M	FX₂N-32M	FX₂N-48M	FX₂N-64M	FX₂N-80M	FX₂N-128M	扩展单元
辅助继电器 M	M0~M499 500 点 一般用①		【M500~M1023】 524 点 保持用②		【M1024~M3071】 2048 点 保持用③		M8000~M8255 256 点 特殊用④
状态 S	S0~S199　500 点一般用① 初始化用 S0~S9；原点回归用 S10~S19			【S500~S899】400 点 保持用②		【S900~S999】100 点 信号报警用②	
定时器 T	T0~T199 500 点 100ms 子程序用 T192~T199		T200~T245 45 点 10ms		【T246~T249】 4 点 1ms 累积③	【T250~T255】 6 点 100ms 累积③	
计数器	16 位增计数器		32 位可逆计数器		32 位可逆高速计数器最大 6 点		
	C0~C99 100 点 一般用①	【C100~C199】 100 点 保持用②	【C200~C219】 20 点 一般用②	【C220~C234】 15 点 保持用②	【C235~C245】 1 相 1 输入②	【C246~C250】 1 相 2 输入②	【C251~C255】 2 相输入②
数据寄存器 D、V、Z	D0~D199 200 点 一般用①	【D200~D511】 512 点 保持用②	【D512~D7999】 7488 点 保持用③ D1000 以后可作为 文件寄存器用		D8000~D8195 256 点 特殊用③	V7~V0 ZZ7~Z0 16 点 交址用①	
嵌套指针	N0~N7 8 点 主控用	P0~P127 128 点跳步、 子程序用分支指针	I00××~I50×× 6 点 输入中断用指针		I6××~I8×× 3 点 定时器中断用指针	I010~I060 6 点 计数器中断用指针	
常数 K	16 位-32，768~32，767		32 位-2147，483，648~2147，483，647				
常数 H	16 位 FFFFH		32 位 0~FFFFFFFFH				

注　【　】内的软元件为停电保持区域。
① 非停电保持区域。根据设定的参数，可变更为停电保持区域。
② 停电保持区域。根据设定的参数，可变更为非停电保持区域。
③ 固定的停电保持区域。不可变更。
④ 不同系列的对应功能请参照特殊软元件一览表。

11.7.4　功能指令的表达形式和使用要素

11.7.4.1　功能指令的表达形式

和基本指令不同，功能指令不含表达梯形图符号间相互关系的成分，而是直接表达本指令要做什么。FX2N 系列 PLC 在梯形图中使用功能框表示功能指令。图 11.9 是功能指令的梯形图形式。

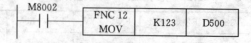

图 11.9　功能指令的梯形图形式

图中 M8002 的常开触点是功能指令的执行条件，其后的方框即为功能框。功能框中分栏表示指令的名称及相关数据（立即数或数据的存储地址）。这种表达方式非常直观，稍微具有计算机程序知识的人马上可以悟出指令的功能。图 11.9 中梯形图指令的功能是当 M8002 接通时，十进制常数 123 将被送到数据寄存器 D500 中去。

11.7.4.2 功能指令的使用要素

使用功能指令需注意指令的要素，即指令的助记符、代码、操作数及程序步。现以二进制加法指令为例作出说明。表 11.7 及图 11.10 给出了二进制加法指令的格式及要素。

表 11.7 加 法 指 令 要 素

指令名称	助记符	指令代码	操作数范围			程序步
			[S1・]	[S2・]	[D・]	
加法	ADD ADD（P）	FNC20 (16/32)	K、H KnX、KnY、KnM、KnS T、C、D、V、Z	K、H KnX、KnY、KnM、KnS T、C、D、V、Z	KnY、KnM、KnS T、C、D、V、Z	ADD、ADDP…7 步 DADD、DADDP…13 步

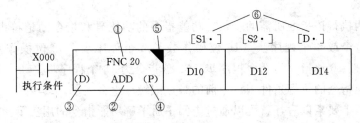

图 11.10 功能指令的格式及要素

1. 功能指令编号

功能指令都有编号。在使用简易编程器输入功能指令时，需要先输入功能编号。图 11.10 中①所示的 FNC 20 就是功能指令编号。

2. 助记符

功能指令的助记符即该指令的英文缩写。如交替输出指令 "ALTERNATE OUTPUT" 简化为 ALT，加法指令 "ADDITION" 简写为 ADD。采用这种方式容易记忆指令的功能。助记符如图 11.10 中②所示。

3. 数据长度

功能指令依处理数据的长度分为 16 位指令和 32 位指令。其中 32 位指令用助记符前加（D）表示，无（D）符号的为 16 位指令。图 11.10 中③为数据长度符号。

4. 执行形式

功能指令有脉冲执行型和连续执行型。助记符后标有（P）的为脉冲执行型，如图 11.10 中④所示。脉冲执行型指令在执行条件满足时仅执行一次，这点对数据处理很重要。例如加 1 指令 INC，在脉冲执行时，只做一次加 1 运算。而连续型加 1 运算指令在执行条件满足时，每一个扫描周期都要加一次 1。某些指令如移位指令、交换指令等，在用连续执行方式时应特别注意。在指令标示栏中用 "▼" 警示，如图 11.10 中⑤所示。

5. 操作数

操作数是功能指令涉及或产生的数据。操作数分为源操作数、目标操作数及其他操作数。从存储单元的角度出发，源操作数是指令执行后不改变其内容的操作数，用 [S・] 表示。目标操作数是指令执行后将改变其内容的操作数，用 [D・] 表示。其他操作数用

m 与 n 表示，其他操作数常用来表示常数或者对源操作数和目标操作数作出补充说明。表示常数时，K 为十进制，H 为十六进制。在一条指令中，源操作数、目标操作数及其他操作数都可能不止一个，也可以一个都没有。某种操作数多时，可后加序号区别。如 [S1·] [S2·]。操作数在指令中排列的顺序为：源操作数、目标操作数、其他操作数。

一般来说，操作数是参加运算数据的地址。地址是依元件的类型分布在存储区中的。由于不同指令对参与操作的元件有一定限制，因此操作数的取值有一定的范围。正确地选取操作数范围，对正确使用指令有很重要的意义。要想了解这些内容可查阅相关手册。操作数如图 11.10 所示。二进制加法指令的操作数取值范围见表 11.7。

6. 变址功能

操作数可具有变址功能。操作数旁加有"·"的即为具有变址功能的操作数。如 [S1·]、[S2·]、[D·] 等。

7. 程序步数

程序步数为执行该指令所需的步数。功能指令的功能号和指令助记符占一个程序步，每个操作数占 2 个或 4 个程序步（16 位操作数是 2 个程序步，32 位操作数是 4 个程序步）。因此，一般 16 位指令为 7 个程序步，32 位指令为 13 个程序步。

此外，功能指令的执行条件用指令前的触点或触点组合表示。

在了解了以上要素以后，就可以通过查阅手册了解功能指令的用法了。如图 11.10 所示的功能指令是：功能指令编号为 20，32 位二进制加法指令，采用脉冲执行型。当其工作条件 X000 置 1 时，数据寄存器 D10 和 D12 内的数据相加，结果存入 D14 中。

11.7.5 传送比较类指令及应用举例

11.7.5.1 传送指令

传送指令的要素见表 11.8。

表 11.8 传送指令的要素

指令名称	助记符	指令代码位数	操作数范围		程 序 步
			[S·]	[D·]	
传送	MOV MOV(P)	FNC12 (16/32)	K、H KnX、KnY、KnM、KnS T、C、D、V、Z	KnY、KnM、KnS T、C、D、V、Z	MOV、MOVP…5 步 DMOV、DMOVP…9 步

传送指令的使用说明如图 11.11 所示，K100 传送到目标操作元件 [D·] D10 中。当指令执行时，常数 K100 自动转换成二进制数。

图 11.11 传送指令的使用说明

如图 11.12 (a) 所示，定时器当前值读出，图中定时器 T0 当前值→ (D20)，计数器当前值也可如此读出。

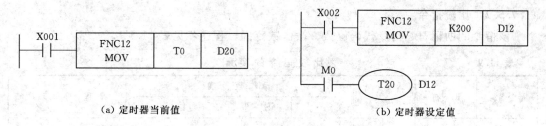

（a）定时器当前值 （b）定时器设定值

图 11.12 传送指令的应用

如图 11.12（b）所示，定时器设定值的间接指定，图中 K200→（D12），（D12）中的数值作为 T0 的设定值，定时器延时 20s。计数器设定值的间接指定也如此。

【例 11.1】 电动机的星形-三角形启动控制。

启动按钮接于 X000，停止按钮接于 X001；主电路（电源）接触器 KM1 接于输出口 Y000，电动机 Y 接接触器 KM2 接于输出口 Y001，电动机三角形接接触器 KM3 接于输出口 Y002。根据电动机星形-三角形启动控制要求，通电时，Y000、Y001 为 ON（传送常数为 1+2 ＝3），电动机 Y 形启动。当转速上升到一定程度，断开 Y000、Y001，接通 Y002（传送常数为 4），然后接通 Y000、Y002（传送常数为 1+4＝5），电动机三角形形运行。停止时，应传送常数为 0。另外，启动过程中的每个状态间应有时间间隔。

使用向输出端口送数的方式实现控制，梯形图如图 11.13 所示。

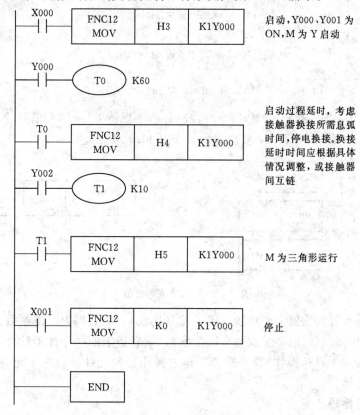

图 11.13 电动机星形-三角形启动控制梯形图

11.7.5.2 比较指令

该指令的助记符、指令代码位数、操作数范围、程序步见表 11.9。

表 11.9 比 较 指 令 的 要 素

指令名称	助记符	指令代码位数	操作数范围			程 序 步
			[S1·]	[S2·]	[D·]	
传送	CMP CMP(P)	FNC10 (16/32)	K、H KnX、KnY、KnM、KnS T、C、D、V、Z		Y、M、S	CMP、CMPP…7 步 DCMP、DCMPP…13 步

比较指令 CMP 是将源操作数 [S1·] 和 [S2·] 中的数据进行比较，结果驱动目标操作数 [D·] 及其后序的两位位元件动作，表示比较结果。CMP 指令使用说明如图 11.14 所示。

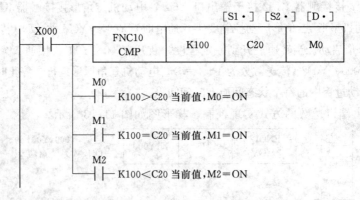

图 11.14　CMP 指令使用说明

在 X000 断开，即不执行 CMP 指令时，M0~M2 保持 X000 断开前的状态。如要清除比较结果，要采用 RST 或 ZRST 复位指令，如图 11.15 所示。

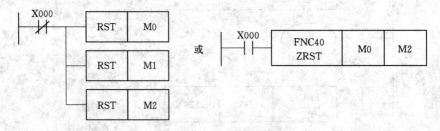

图 11.15　比较结果复位

数据比较是进行代数值大小比较（即带符号比较）。源数据为二进制数。当比较指令的操作数不完整（若只指定一个或两个操作数），或者指定的操作数不符合要求（例如把 X、D、T、C 指定为目标操作数），或者指定的操作数的元件号超出了允许范围等情况，比较指令就会出错。

11.7.5.3 区间比较指令

该指令的助记符、指令代码、操作数范围、程序步见表 11.10。

表 11.10　　　　　　　　　　　　　区间比较指令的要素

指令名称	助记符	指令代码位数	操作数范围				程序步
			[S1·]	[S2·]	[S·]	[D·]	
区间比较	ZCP ZCP（P）	FNC11 （16/32）	K、H KnX、KnY、KnM、KnS T、C、D、V、Z		Y、M、S		ZCP、ZCPP…9 步 DZCP、DZCPP…17 步

区间比较指令 ZCP 是将一个数据 [S·] 与上、下两个源数据 [S1·] 和 [S2·] 的数据作代数比较，比较结果在目标操作数 [D·] 及其后序的两个位元件中表示出来。源 [S1·] 的数据应比源 [S2·] 的内容要小，如果大，则 [S2·] 被看作与 [S1·] 一样大。

指令使用说明如图 11.16 所示，在 X000 断开时，ZCP 指令不执行，M3～M5 保持 X000 断开前的状态。清除比较结果时，可用复位指令。

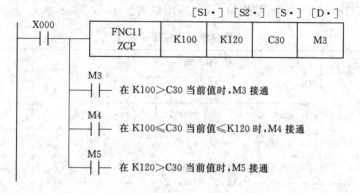

图 11.16　ZCP 指令说明

11.7.5.4　触点型比较指令

触点型比较指令是使用触点符号进行数据 [S1·]、[S2·] 比较的指令，根据比较结果确定触点是否允许流通，触点型指令直观简便，很受使用者欢迎。触点型比较指令依触点在梯形图中的位置分为 LD 类、AND 类及 OR 类，其触点在梯形图中的位置含义与普通触点相同。如 LD 是表示该触点为支路上与左母线相连的首个触点。三类触点型比较指令每类根据比较内容又分为 6 种，共 18 条。

1. LD 类触点型比较指令

从母线取用触点比较指令要素见表 11.11，应用说明如图 11.17 所示。

表 11.11　　　　　　　　　　　　从母线取用触点比较指令要素

FNC No.	16 位助记符 （5 步）	32 位助记符 （9 步）	操作数		导通条件	非导通条件
			[S1·]	[S2·]		
224	LD=	(D) LD=	K、H、KnX、KnY、 KnM、KnS、T、C D、V、Z		[S1·] = [S2·]	[S1·] ≠ [S2·]
225	LD>	(D) LD>			[S1·] > [S2·]	[S1·] ≤ [S2·]
226	LD<	(D) LD<			[S1·] < [S2·]	[S1·] ≥ [S2·]
228	LD<>	(D) LD<>			[S1·] ≠ [S2·]	[S1·] = [S2·]
229	LD≤	(D) LD≤			[S1·] ≤ [S2·]	[S1·] > [S2·]
239	LD≥	(D) LD≥			[S1·] ≥ [S2·]	[S1·] < [S2·]

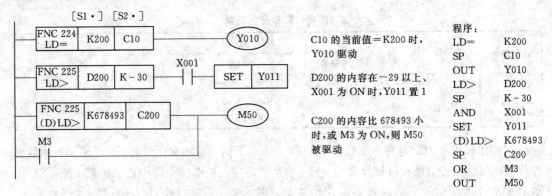

图 11.17 从母线取用触点比较指令应用说明

2. AND 类触点型比较指令

串联型触点比较指令要素见表 11.12，应用说明如图 11.18 所示。

表 11.12 **串联型触点比较指令要素**

FNC No.	16 位助记符 （5 步）	32 位助记符 （9 步）	操 作 数		导通条件	非导通条件
			[S1·]	[S2·]		
232	AND=	(D) AND=			[S1·] = [S2·]	[S1·] ≠ [S2·]
233	AND>	(D) AND>			[S1·] > [S2·]	[S1·] ≤ [S2·]
234	AND<	(D) AND<	K、H、KnX、KnY、 KnM、KnS、T、C D、V、Z		[S1·] < [S2·]	[S1·] ≥ [S2·]
236	AND<>	(D) AND<>			[S1·] ≠ [S2·]	[S1·] = [S2·]
237	AND≤	(D) AND≤			[S1·] ≤ [S2·]	[S1·] > [S2·]
238	AND≥	(D) AND≥			[S1·] ≥ [S2·]	[S1·] < [S2·]

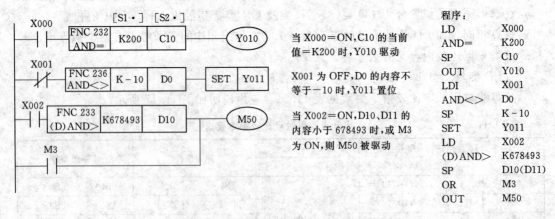

图 11.18 串联型触点比较指令应用说明

3. OR 类触点型比较指令

并联类触点型比较指令要素见表 11.13，应用说明如图 11.19 所示。

表 11.13 　　　　　　　　　　　　　　**并联类触点型比较指令要素**

FNC No.	16 位助记符 （5 步）	32 位助记符 （9 步）	操　作　数		导通条件	非导通条件
			[S1·]	[S2·]		
240	OR=	(D) OR=	K、H、KnX、KnY、 KnM、KnS、T、C D、V、Z		[S1·] = [S2·]	[S1·] ≠ [S2·]
241	OR>	(D) OR>			[S1·] > [S2·]	[S1·] ≤ [S2·]
242	OR<	(D) OR<			[S1·] < [S2·]	[S1·] ≥ [S2·]
244	OR<>	(D) OR<>			[S1·] ≠ [S2·]	[S1·] = [S2·]
245	OR≤	(D) OR≤			[S1·] ≤ [S2·]	[S1·] > [S2·]
246	OR≥	(D) OR≥			[S1·] ≥ [S2·]	[S1·] < [S2·]

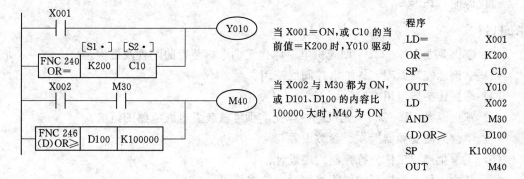

图 11.19　并联型触点比较指令应用说明

　　上面对 FX2N 系列 PLC 的功能指令作了举例介绍，FX2N 系列 PLC 全部功能指令见附录 C。

模拟生产线工件分拣控制

任务 12.1　了解模拟生产线工件分拣控制任务

课时分配

建议课时：15 课时。

学习目标

(1) 掌握亚龙 YL－235A 型光机电一体化实训考核装置的配置及机构。

(2) 掌握理气动原理、气缸电控阀的使用。

(3) 掌握传感器应用。

(4) 掌握亚龙 YL－235A 光机电一体化实训考核装置电气电路的组成。

(5) 学会三菱变频器操作、参数设置。

(6) 了解生产线工件分拣控制程序设计。

(7) 学会工件识别控制的气路连接、电路连接。

(8) 能运行调试模拟生产线工件分拣控制系统。

12.1.1　实训工具及器材

1. 工具、仪表

模拟生产线工件分拣控制所需的工具见表 12.1。选择所要用的工具和仪表，并检查各工具、仪表的性能好坏，再将全部工具、仪表放置在辅助工作台方便取用的位置，工具应分类摆开，排列有序。

表 12.1　　　　　　　　　　　　　　工 具 清 单

编号	工具名称	规　格	数量	主 要 作 用
1	内六角扳手	3mm、4mm、6mm 等	1 套	安装机架底脚螺栓
2	一字螺丝刀	微型	1 把	安装联轴器
3	一字螺丝刀	100mm	1 把	电路连接与部件安装
4	一字螺丝刀	150mm	1 把	电路连接与部件安装
5	十字螺丝刀	100mm	1 把	电路连接与部件安装
6	十字螺丝刀	150mm	1 把	电路连接与部件安装
7	尖嘴钳	150mm	1 把	部件安装与调整
8	活动扳手	200mm	2 把	安装警示灯
9	钢直尺	500mm	1 把	安装机架
10	钢直尺	150mm	1 把	安装与调整
11	水平尺	300mm	1 把	检测输送皮带水平

续表

编号	工 具 名 称	规　格	数量	主 要 作 用
12	直角尺	150mm	1把	测量机架高度
13	塞尺	—	1把	检测间隙
14	剥线钳	可选择	1把	电路连接安装线路
15	绘图工具	可选择	1套	绘制电路原理图
16	电笔	可选择	1支	带电检测
17	万用表	可选择	1个	检测电动机与电源
18	软毛刷	中号	1把	清扫安装平台与工位

2. 实训设备

YL-235A 型光机电一体化实训装置提供了一个典型的、可进行综合训练的工程实践环境，本项目利用这套装置实现模拟生产线工件分拣控制。采用其他功能相似的实训设备也是可以的，设计方法类似。YL-235A 型光机电一体化实训装置全部配置见表 12.2。

表 12.2　　　　　　　　　YL-235A 型光机电一体化实训装置配置清单

序号	名　称	型号及规格	数量	单位
1	实训桌	1190mm×800mm×840mm	1	张
2	触摸屏模块单元		1	块
3	PLC 模块单元	FX2N-48MR	1	台
4	变频器模块单元	E740，0.75kW	1	台
5	电源模块单元	三相电源总开关（带漏电和短路保护）1个，熔断器 3只，单相电源插座 2个，安全插座 5个	1	块
6	按钮模块单元	24V/6A、12V/2A 各一组；急停按钮 1只，转换开关 2只，蜂鸣器 1只，复位按钮黄色、绿色、红色各 1只，自锁按钮黄色、绿色、红色各 1只，24V 指示灯黄色、绿色、红色各 2只	1	套
7	物料传送机部件	直流减速电机（24V，输出转速 6r/min）1台，送料盘 1个，光电开关 1只，送料盘支架 1组	1	套
8	气动机械手部件	单出双杆气缸 1只，单出杆气缸 1只，气手爪 1只，旋转气缸 1只，电感式接近开关 2只，磁性开关 5只，缓冲阀 2只，非标螺丝 2只，双控电磁换向阀 4只	1	套
9	皮带输送机部件	三相减速电机（380V，输出转速 40r/min）1台，平皮带 1355mm×49mm×2mm 1条，输送机构 1套	1	套
10	物件分拣部件	单出杆气缸 3只，金属传感器 1只，光纤传感器 2只，光电传感器 1只，磁性开关 6只，物件导槽 3个，单控电磁换向阀 3只	1	套
11	接线端子模块	接线端子和安全插座	1	块
12	物料	金属 5个，尼龙黑白各 5个	15	个
13	安全插线		1	套
14	气管	$\phi4/\phi6$	1	套
15	PLC 编程线缆		1	条
16	PLC 编程软件		1	套

续表

序号	名　称	型 号 及 规 格	数量	单位
17	触摸屏与计算机通信线		1	条
18	触摸屏与 PLC 通信线		1	条
19	配套工具		1	套
20	线架		1	个
21	空气压缩机		1	台
22	电脑推车		1	台
23	计算机	品牌机	1	台
24	空气压缩机		1	台

12.1.2　控制要求

　　YL-235A 的模拟生产线分拣工作过程，当设备安装完毕并接线完成后，启动电源，在触摸屏界面按下启动按钮后，装置进行复位过程，当装置复位到原位后，由 PLC 启动送料电机驱动放料盘旋转，物料由送料盘滑到物料检测位置，物料检测光电传感器开始检测；如果送料电机运行若干秒后，物料检测光电传感器仍未检测到物料，则说明送料机构已经无物料，这时要停机并报警；当物料检测光电传感器检测到有物料，将给 PLC 发出信号，由 PLC 驱动机械手臂伸出手爪下降抓物，然后手爪提升臂缩回，手臂向右旋转到右限位，手臂伸出，手爪下降将物料放到传送带上，落料口的物料检测传感器检测到物料后启动传送带输送物料，同时机械手按原来位置返回进行下一个流程；传感器则根据物料的材料特性、颜色特性进行辨别，分别由 PLC 控制相应的电磁阀使气缸动作，对物料进行分拣。流程图如图 12.1 所示。

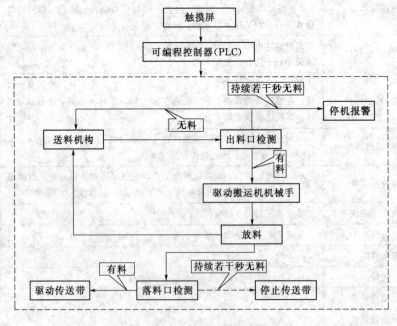

图 12.1　YL-235A 装置动作流程图

任务 12.2　编制 PLC 的 I/O 接口分配表

根据 YL - 235A 型机电一体化设备控制要求，以及设备各部件安装示意图，编制 PLC 的 I/O 接口分配表具体见表 12.3。

注意：三菱 PLC COM1～COM4 外接 24V 正极；COM5 接变频器公共端 SD 和警示灯的公共端。

表 12.3　　　　　　　　**I/O 接 口 分 配 表**

输入元件	输入地址	输出地址	输出元件
触摸启动	M0	Y0	旋转气缸右旋电磁阀 YV1
触摸停止	M1	Y1	旋转气缸左旋电磁阀 YV2
SB1 启动按钮	X0	Y2	旋转气缸左旋电磁阀 YV2
SB2 停止按钮	X1	Y3	直流减速电动机 M
SCK1 抓紧限位	X2	Y4	气动手爪夹紧电磁阀 YV3
SQP1 左侧限位	X3	Y5	气动手爪放松电磁阀 YV4
SQP2 右侧限位	X4	Y6	提升气缸下降电磁阀 YV5
SCK2 伸出限位	X5	Y7	提升气缸上升电磁阀 YV6
SCK3 缩回限位	X6	Y10	伸缩气缸伸出电磁阀 YV7
SCK4 上升限位	X7	Y11	伸缩气缸缩回电磁阀 YV8
SCK5 下降限位	X10	Y12	金属推料一电磁阀 YV9
SQP3 物料检测传感器	X11	Y13	白色塑料推料二电磁阀 YV10
SCK6 金属缩限传感器	X12	Y14	黑色推料伸出 YV11
SCK7 金属推限传感器	X13	Y15	Y15：警示报警 HA
SCK8 白色缩限传感器	X14	Y20	变频器停止 MRS
SCK9 白色推限传感器	X15	Y21	变频器正转 STF
SCK10 黑色缩限传感器	X16	Y22	变频器反转 STR
SCK11 黑色推限传感器	X17	Y23	变频器高速 RH
SQP4 金属启动推料传感器	X20	Y24	变频器中速 RM
SQP5 白色启动推料传感器	X21	Y25	变频器低速 RL
SQP6 黑色启动推料传感器	X22	Y26	警示灯绿灯 IN1
SQP7 落料口传感器	X23	Y17	警示灯红灯 IN2

任务 12.3　绘制 PLC 外部控制接线图

根据 PLC 的 I/O 接口分配表，绘出 PLC 外部控制接线图，如图 12.2 所示。

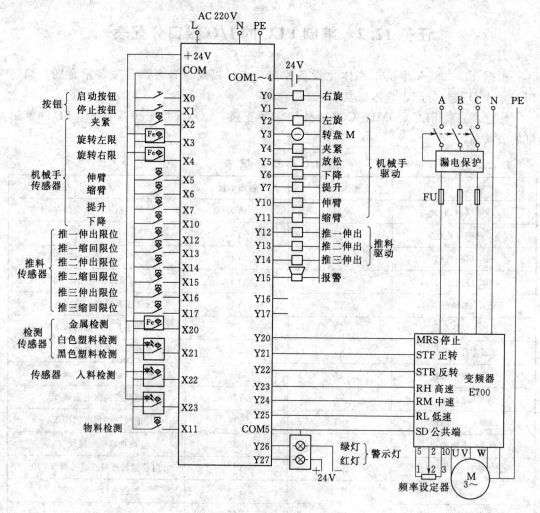

图 12.2　PLC 外部控制接线图

任务 12.4　工件分拣控制电路连接

根据 PLC 接线原理图，以及设备 I/O 端子接线图，对设备 I/O 元器件进行电器线路连接。操作步骤如下：

（1）连接传感器至端子排。

（2）连接输出元件至端子排。

（3）连接电动机至端子排。

（4）连接 PLC 的输入信号端子至端子排。

（5）连接 PLC 的输入信号端子至按钮模块。

（6）连接 PLC 的输出信号端子至端子排（负载电源暂不连接，待 PLC 模块调试成后连接）。

（7）连接 PLC 的输出信号端子至变频器。

（8）连接变频器至电动机。

（9）将电源模块中的单相交流电源引至 PLC 模块。

（10）将电源模块中的三相电源和接地线引至变频器的主回路输入端子 L1、L2、L3、PE。

（11）电路检查应正确无误。

任务 12.5　设计工件分拣控制程序

参考梯形图如图 12.3 所示。

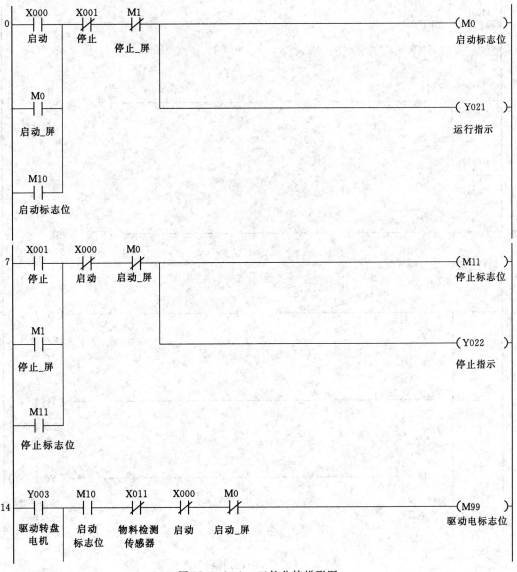

图 12.3（一）　工件分拣梯形图

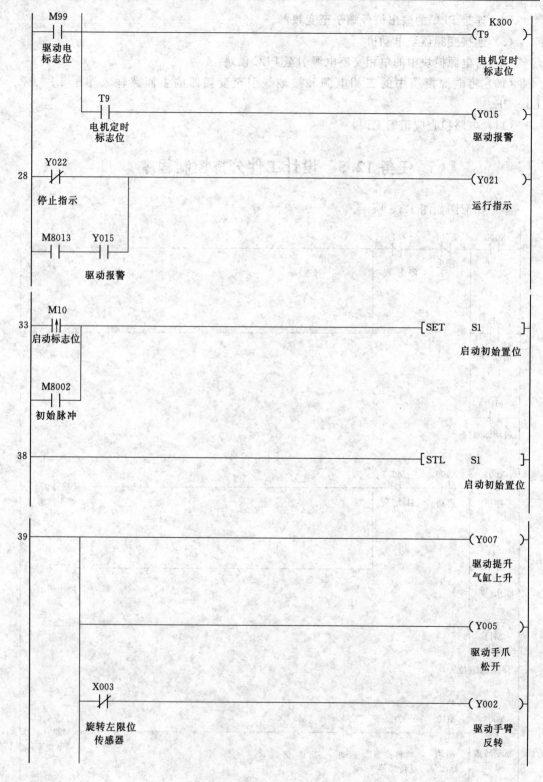

图 12.3（二）　工件分拣梯形图

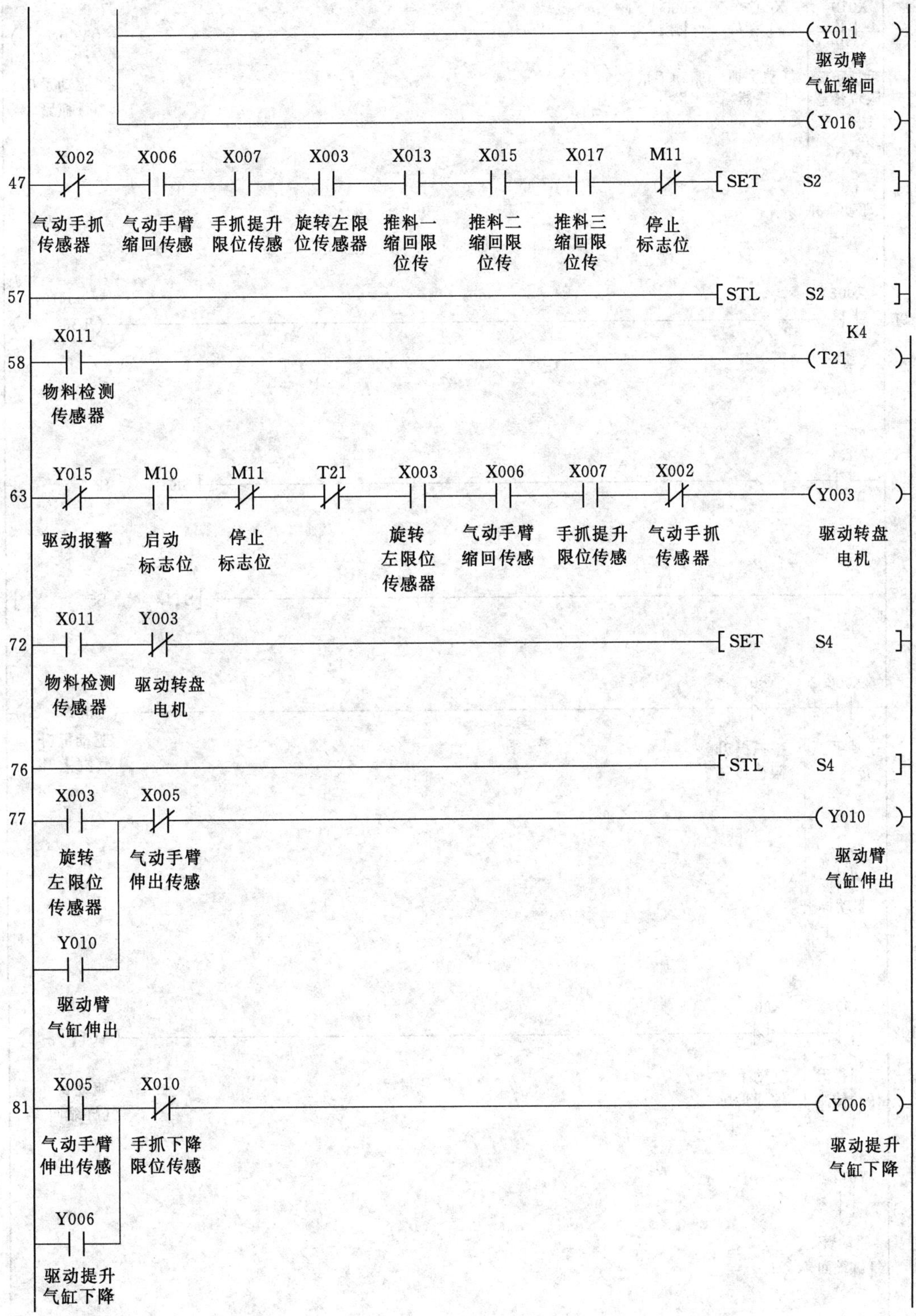

```
                                                          ( Y011 )
                                                           驱动臂
                                                           气缸缩回

                                                          ( Y016 )

     X002    X006    X007    X003    X013    X015    X017    M11
47 ─┤├──────┤├──────┤├──────┤├──────┤├──────┤├──────┤├──────┤/├──[ SET    S2 ]
    气动手抓  气动手臂  手抓提升  旋转左限  推料一    推料二    推料三    停止
    传感器    缩回传感  限位传感  位传感器  缩回限    缩回限    缩回限    标志位
                                         位传     位传     位传

57 ─────────────────────────────────────────────────────[ STL    S2 ]

     X011                                                            K4
58 ─┤├────────────────────────────────────────────────────────────( T21 )
    物料检测
    传感器

     Y015    M10     M11     T21     X003    X006    X007    X002
63 ─┤/├──────┤├──────┤/├──────┤/├──────┤├──────┤├──────┤├──────┤/├──( Y003 )
    驱动报警  启动     停止     旋转     气动手臂  手抓提升  气动手抓        驱动转盘
           标志位    标志位    左限位    缩回传感  限位传感  传感器          电机
                            传感器

     X011    Y003
72 ─┤├──────┤/├──────────────────────────────────────────[ SET    S4 ]
    物料检测  驱动转盘
    传感器    电机

76 ─────────────────────────────────────────────────────[ STL    S4 ]

     X003    X005
77 ─┤├──────┤/├──────────────────────────────────────────────────( Y010 )
    旋转     气动手臂                                                  驱动臂
    左限位    伸出传感                                                  气缸伸出
    传感器
     Y010
    ─┤├─
    驱动臂
    气缸伸出

     X005    X010
81 ─┤├──────┤/├──────────────────────────────────────────────────( Y006 )
    气动手臂  手抓下降                                                  驱动提升
    伸出传感  限位传感                                                  气缸下降
     Y006
    ─┤├─
    驱动提升
    气缸下降
```

图 12.3（三）　工件分拣梯形图

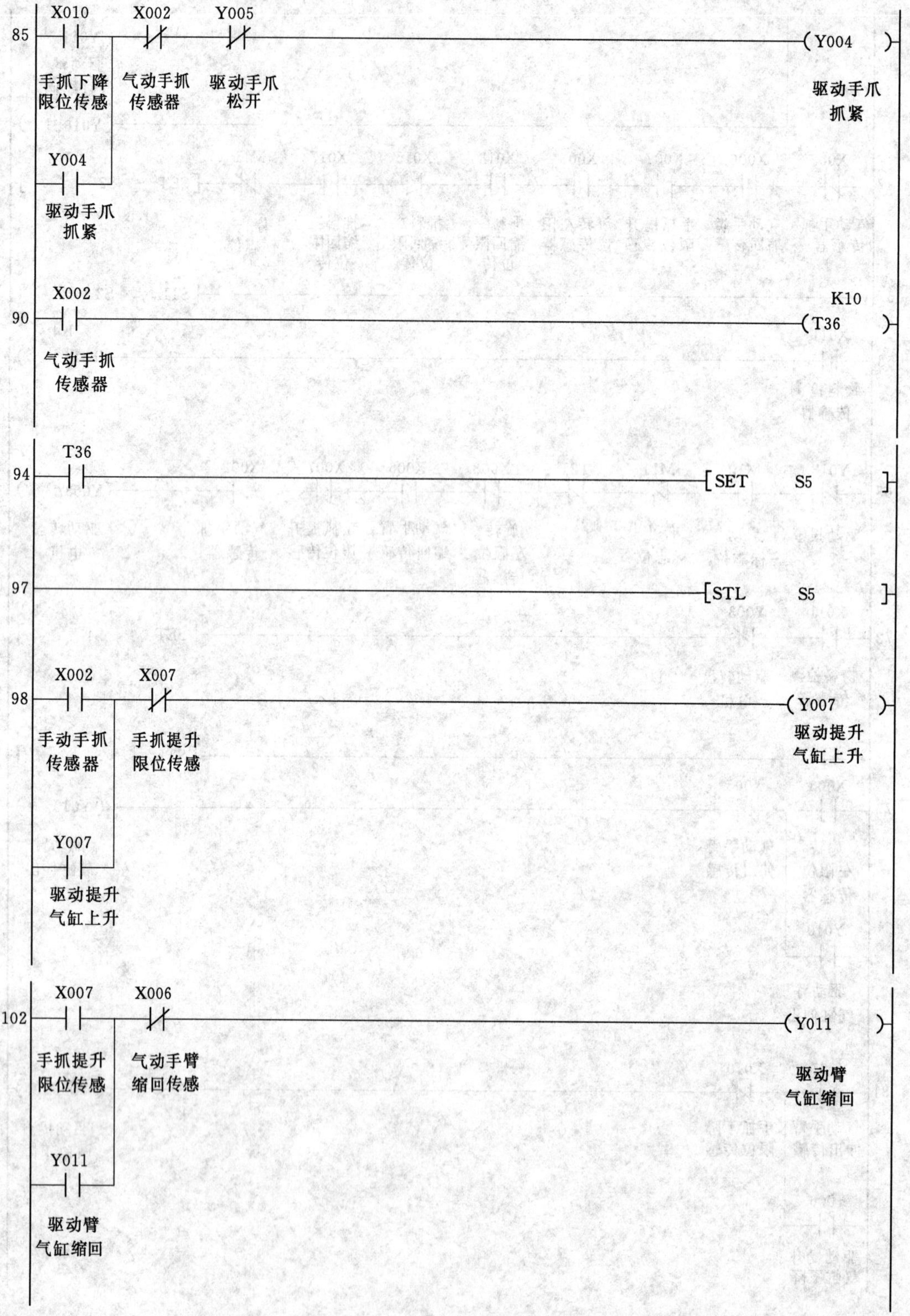

```
        X010      X002      Y005                                              (Y004  )
85      ─┤├──────┤/├──────┤/├──                                             
       手抓下降   气动手抓   驱动手爪                                          驱动手爪
       限位传感   传感器     松开                                             抓紧

        Y004
        ─┤├──
       驱动手爪
       抓紧


        X002                                                                  K10
90      ─┤├──                                                              (T36   )
       气动手抓
       传感器


        T36
94      ─┤├──                                                       [SET    S5 ]


97                                                                  [STL    S5 ]


        X002      X007                                                       (Y007  )
98      ─┤├──────┤/├──                                                      
       手动手抓   手抓提升                                                    驱动提升
       传感器     限位传感                                                    气缸上升

        Y007
        ─┤├──
       驱动提升
       气缸上升


        X007      X006                                                       (Y011  )
102     ─┤├──────┤/├──                                                      
       手抓提升   气动手臂                                                    驱动臂
       限位传感   缩回传感                                                    气缸缩回

        Y011
        ─┤├──
       驱动臂
       气缸缩回
```

图 12.3（四）　工件分拣梯形图

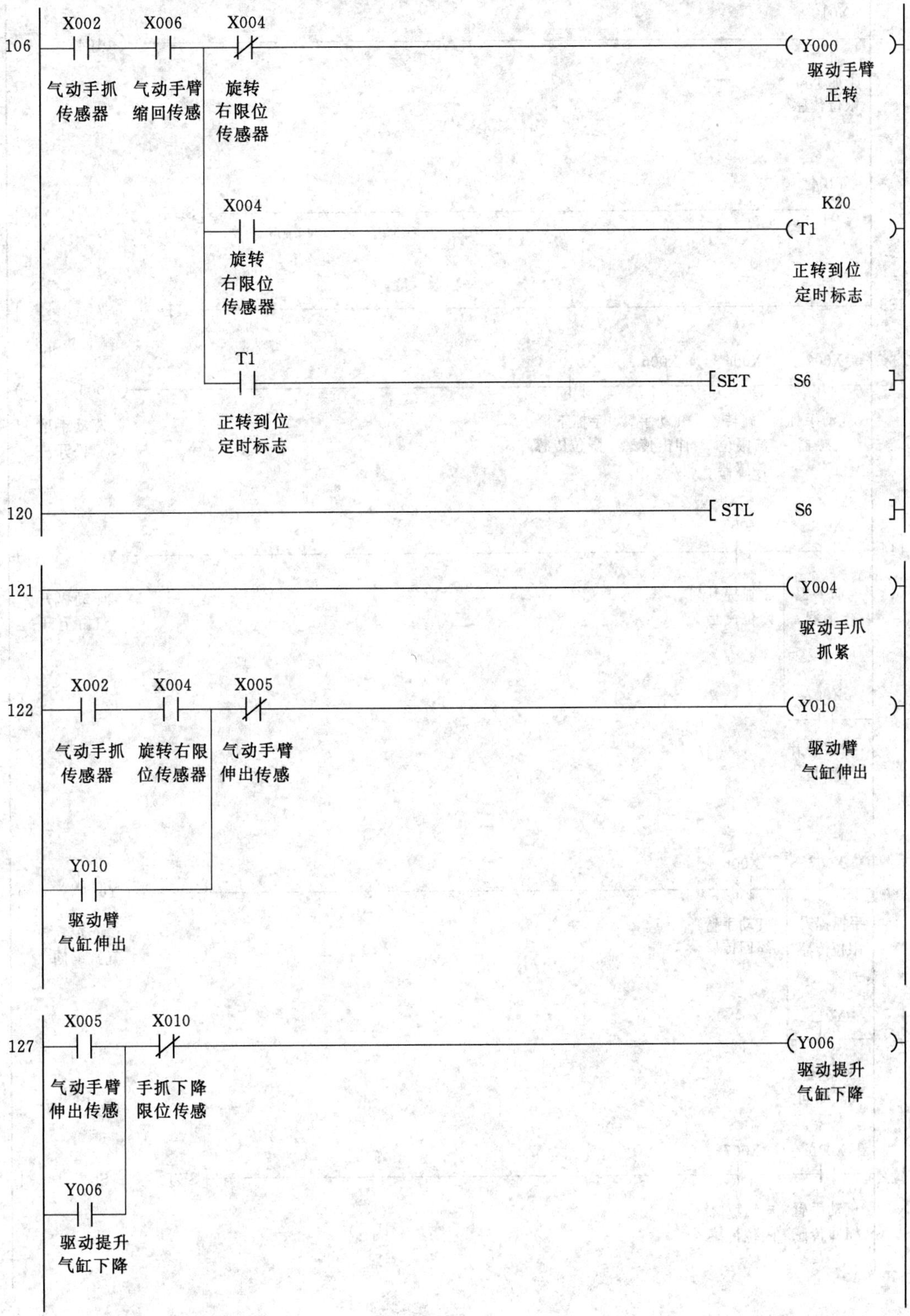

106   X002   X006   X004   (Y000)
       ┤├   ┤├   ┤/├   驱动手臂
     气动手抓 气动手臂 旋转   正转
     传感器   缩回传感 右限位
                      传感器

                       X004   K20
                       ┤├   (T1)
                      旋转   正转到位
                      右限位   定时标志
                      传感器

                        T1
                       ┤├   ─[SET   S6]
                      正转到位
                      定时标志

120   ─[STL   S6]

121   (Y004)
                                                                   驱动手爪
                                                                   抓紧

122   X002   X004   X005   (Y010)
       ┤├   ┤├   ┤/├   驱动臂
     气动手抓 旋转右限 气动手臂   气缸伸出
     传感器   位传感器 伸出传感

       Y010
       ┤├
      驱动臂
      气缸伸出

127   X005   X010   (Y006)
       ┤├   ┤/├   驱动提升
     气动手臂 手抓下降   气缸下降
     伸出传感 限位传感

       Y006
       ┤├
      驱动提升
      气缸下降

图 12.3（五） 工件分拣梯形图

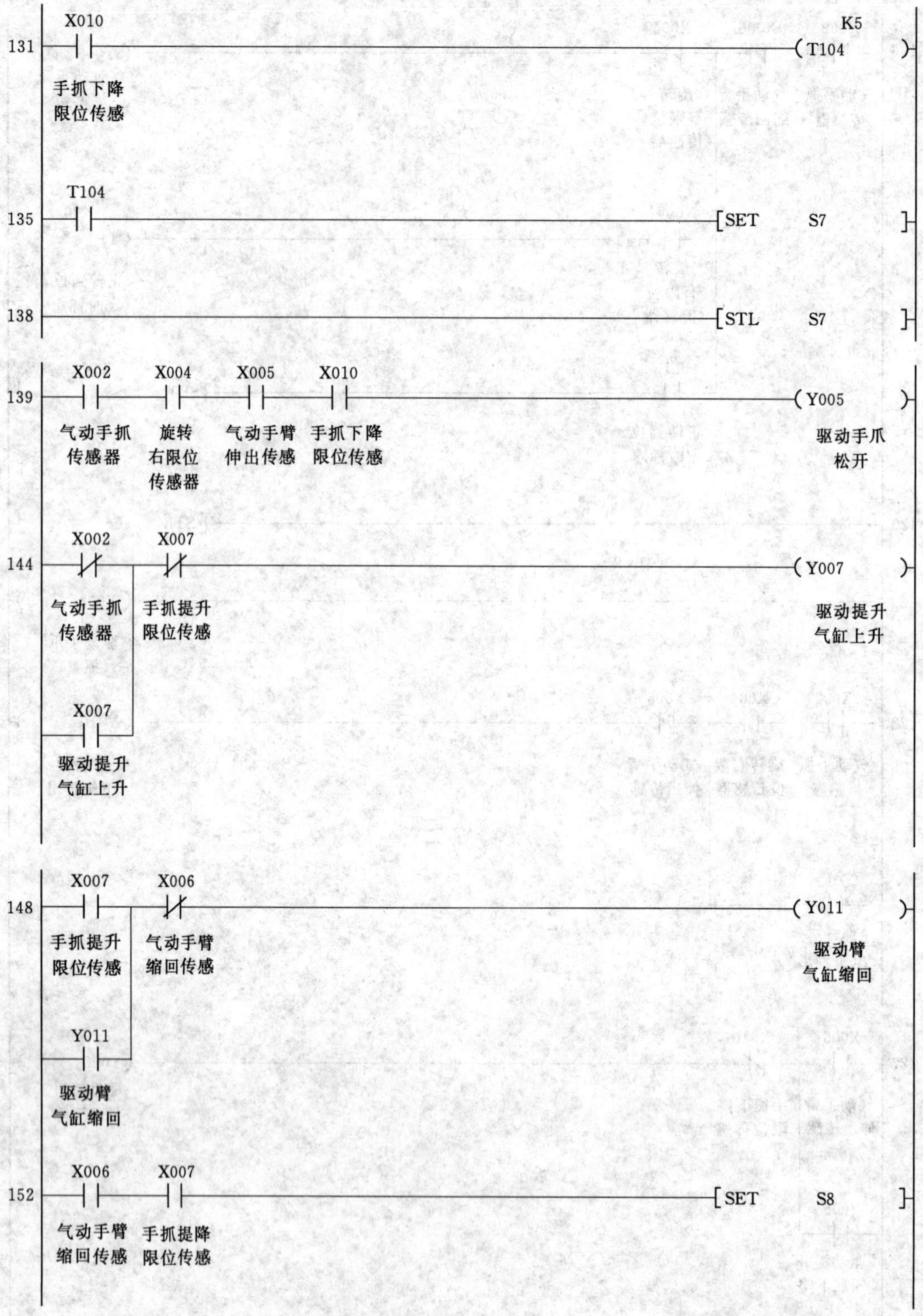

```
131 ─┤ ├─ X010                                          ─( T104 )─  K5
       手抓下降
       限位传感

135 ─┤ ├─ T104                              ─[ SET   S7 ]

138 ────────────────────────────────────── ─[ STL   S7 ]

139 ─┤ ├─┤ ├─┤ ├─┤ ├─ X002 X004 X005 X010          ─( Y005 )─
       气动手抓 旋转  气动手臂 手抓下降           驱动手爪
       传感器  右限位 伸出传感 限位传感           松开
              传感器

144 ─┤/├─┬─┤/├─ X002  X007                         ─( Y007 )─
       气动手抓│手抓提升                          驱动提升
       传感器 │限位传感                          气缸上升
              │
       ─┤ ├──┘ X007
       驱动提升
       气缸上升

148 ─┤ ├─┬─┤/├─ X007  X006                         ─( Y011 )─
       手抓提升│气动手臂                          驱动臂
       限位传感│缩回传感                          气缸缩回
              │
       ─┤ ├──┘ Y011
       驱动臂
       气缸缩回

152 ─┤ ├─┤ ├─ X006 X007                       ─[ SET   S8 ]
       气动手臂 手抓提降
       缩回传感 限位传感
```

图 12.3（六）　工件分拣梯形图

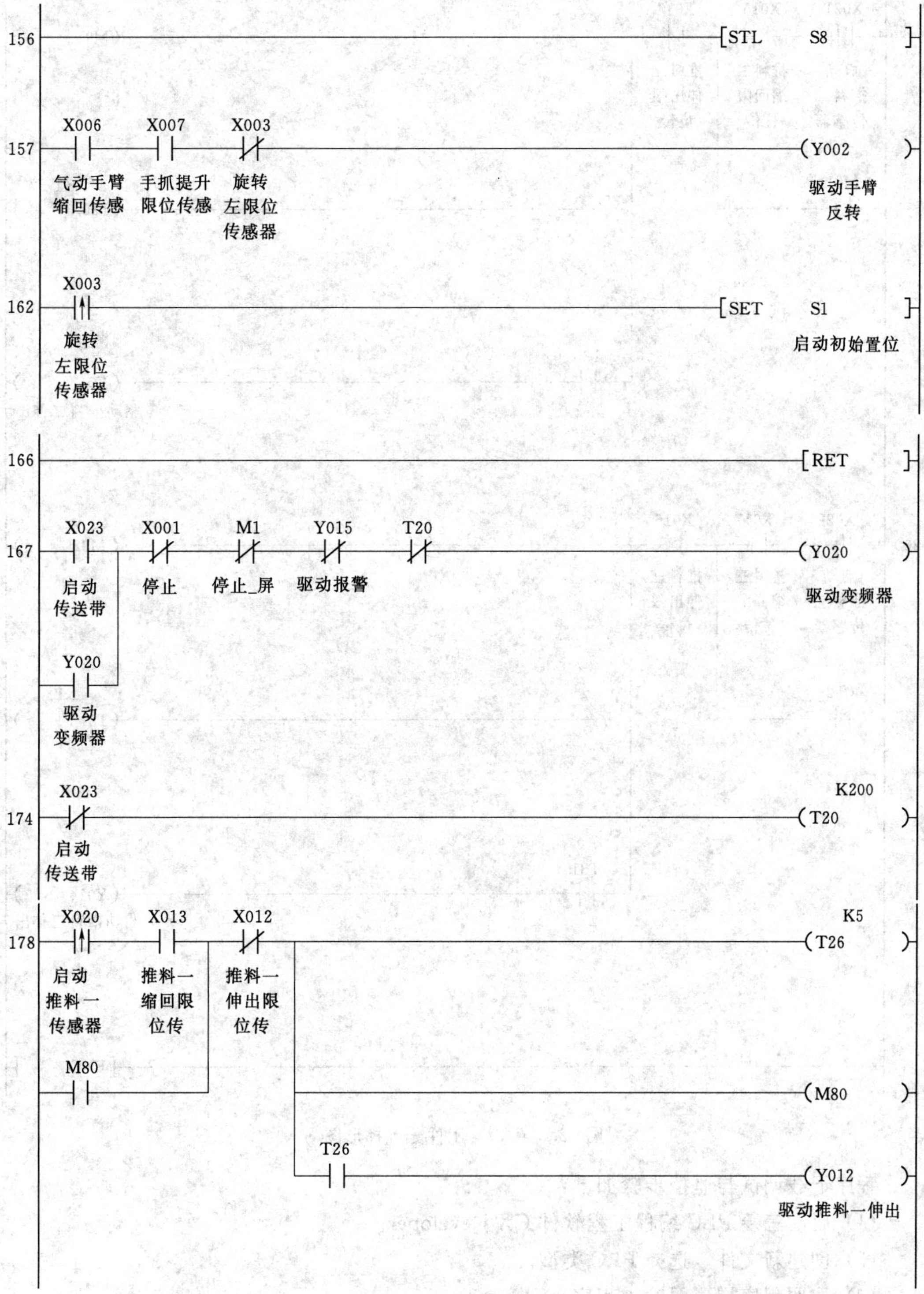

```
156 ─────────────────────────────────────────────[STL    S8 ]

        X006      X007      X003
157 ─────┤ ├──────┤ ├──────┤/├────────────────────────(Y002 )
        气动手臂   手抓提升   旋转                           驱动手臂
        缩回传感   限位传感   左限位                            反转
                          传感器

        X003
162 ─────┤↑├──────────────────────────────────────[SET    S1 ]
        旋转                                              启动初始置位
        左限位
        传感器


166 ─────────────────────────────────────────────[RET ]

        X023      X001      M1        Y015      T20
167 ─────┤ ├──────┤/├──────┤/├──────┤ ├──────┤/├──────(Y020 )
        启动       停止       停止_屏   驱动报警                 驱动变频器
        传送带

        Y020
     ────┤ ├──
        驱动
        变频器

        X023                                            K200
174 ─────┤/├──────────────────────────────────────────(T20 )
        启动
        传送带

        X020      X013      X012                        K5
178 ─────┤↑├──────┤ ├──────┤/├────┬────────────────────(T26 )
        启动       推料一     推料一  │
        推料一     缩回限     伸出限  │
        传感器     位传       位传   │
                                 │
        M80                      │
     ────┤ ├──────────────────────┴────────────────────(M80 )


                          T26
                      ────┤ ├──────────────────────────(Y012 )
                                                       驱动推料一伸出
```

图 12.3（七）　工件分拣梯形图

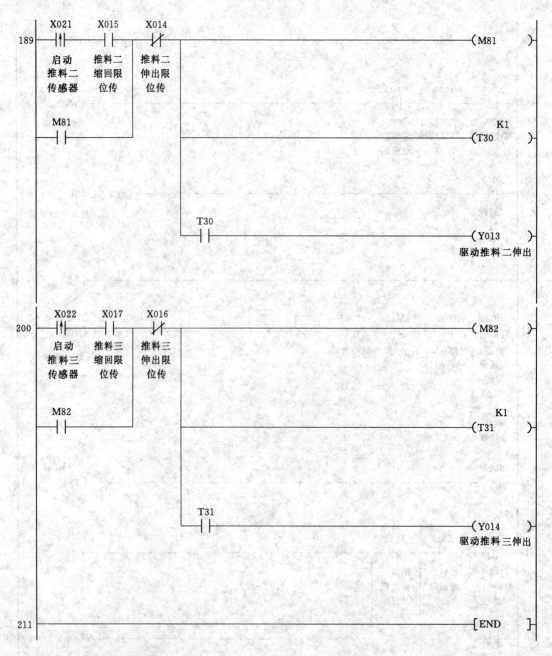

图 12.3（八）　工件分拣梯形图

程序下载调试与监控步骤如下：

（1）启动三菱 PLC 编程工程软件 GX Developer。

（2）创建新文件，选择 PLC 类型。

（3）按照程序梯形图输入程序。

（4）先将 PLC 切换到"STOP"状态，操作电脑清除 PLC 内存，再将编写好的程序下载到 PLC 中。

（5）将 PLC 切换到 RUN 状态，再将电脑程序切换到监控状态。

任务 12.6 运行调试工件分拣控制程序

1. 气路调试

气动系统的安装并不是简单地用管子把各阀连接起来，安装实际上是设计的延续。作为一种生产设备，它首先应保证运行可靠、布局合理、安装工艺正确，将来维修检测方便。安装时根据气动系统原理图进行气路连接。目前气动系统的安装一般采用紫铜管卡套式连接和尼龙软管快插式连接两种，卡套式接头安装牢固可靠，一般用于定型产品。YL-235 实训考核装置采用尼龙软管快插式。

首先必须按图核对组件的型号和规格，认清各气动组件的进、出口方向；接着根据各元器件在工作台上的位置量出各组件间所需管子的长度，长度选取要合理，避免气管过长或过短；走线尽量避开设备工作区域，防止对设备动作干扰；气管应利用塑料扎带绑扎起来，绑扎间距为 50~80mm，间距均匀；注意压力表要垂直安装，表面朝向要便于观察。接通气泵工作电源，气源的气压达到 0.4~0.5MPa 后，开启气源的总气阀和气动二联件上的阀门给机构供气。检查气路是否漏气，再用手按动相关气动电磁阀，检查气动电磁阀动作是否正常，若发现气缸的运动速度过快，应调整节流阀至合适开度以得到合适运动速度；若发现气缸动作相反可对调相应的气管。

2. 变频器参数设置

（1）按照电路原理图检查变频器的接线应正确无误（注意：变频器的输入信号端子回路不可附加外部电源）。

（2）给变频器接通三相电源，再对变频器按表 12.4 进行设定。

表 12.4 **变频器参数**

序号	参数号	名　称	设定值	备　注
1	P1	上限频率	40Hz	
2	P2	下限频率	0Hz	
3	P6	3 速设定（低速）	20Hz	低速设定
4	P7	加速时间	1s	
5	P8	减速时间	1s	
6	P79	操作模式	2	外部操作模式

3. 传感器调试

调整传感器的位置，观察传感器是否点亮，还要观察 PLC 的输入指示 LED 灯。

（1）动作气缸，调整、固定各磁性传感器。

（2）在落料口中先后放置金属物料和塑料物料，调整落料口光电传感器的水平位置或光线漫反射灵敏度。

（3）启动推料，在传感器下放置金属物料，调整后固定该传感器。

（4）调整光纤放电器的颜色灵敏度，使光纤-传感器检测到白色塑料物料，使光纤-传感器检测到黑色塑料物料。

4. 联机调试

按下启动按钮或触摸人机界面上的启动按钮，设备开始工作。送料机构开始送料，接着机械手搬运物料，输送带传送物料，分拣机构进行物料分拣工作。

按下停止按钮或触摸停止按钮，设备在完成当前工作任务后自动停止。

5. 项目评价

项目评价见表 12.5 和表 12.6。

表 12.5 　　　　　　　　　　　**自我评价（自评）**

项目内容	配分	评分标准	扣分	得分
实训报告	20	内容包含：①项目名称；②控制任务；③PLC 的 I/O 点分配表；④梯形图；⑤PLC 外围接线图；⑥气动系统图；⑦实训项目主要器材；⑧本人姓名及小组成员名单		
PLC 程序编制	20	(1) 能正确编写程序，出现一个错误扣 2 分。 (2) 能正确分析工作过程，出现一个错误扣 2 分。 (3) 不能正确输入，每个错误扣 2 分		
机械部分的安装，变频器的设置，气路安装，连接 PLC 的外围电路接线	30	(1) 安装、连接线正确规范，设置正确得 20 分。 (2) 安装、连接线错误每处扣 3～5 分		
运行调试	20	(1) 第一次运行，结果符合控制任务要求得 20 分。 (2) 第二次运行，结果符合控制任务要求得 10 分。 (3) 第三次运行，如果符合控制任务要求得 5 分		
安全、文明操作	10	(1) 违反操作规程，产生不安全因素，扣 2～7 分。 (2) 迟到、早退，扣 2～7 分		
总评分＝（1～5 项总分）×40%				

表 12.6 　　　　　　　　　　　**小组评价（互评）**

项目内容	配分	评分
实训记录与自我评价情况	20	
对实训室规章制度的学习与掌握情况	20	
相互帮助与沟通协作能力	20	
安全、质量意识与责任心	20	
能否主动参与整理工具、器材与清洁场地	20	
总评分＝（1～5 项总分）×30%		

附录 A "FX – TRN – BEG – C"仿真软件挑战
练习参考程序

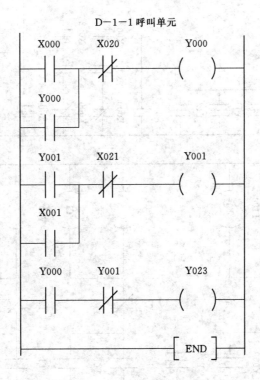

D—1—1 呼叫单元

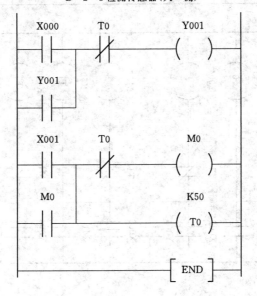

D—2—1 检测传感器(人一侧)

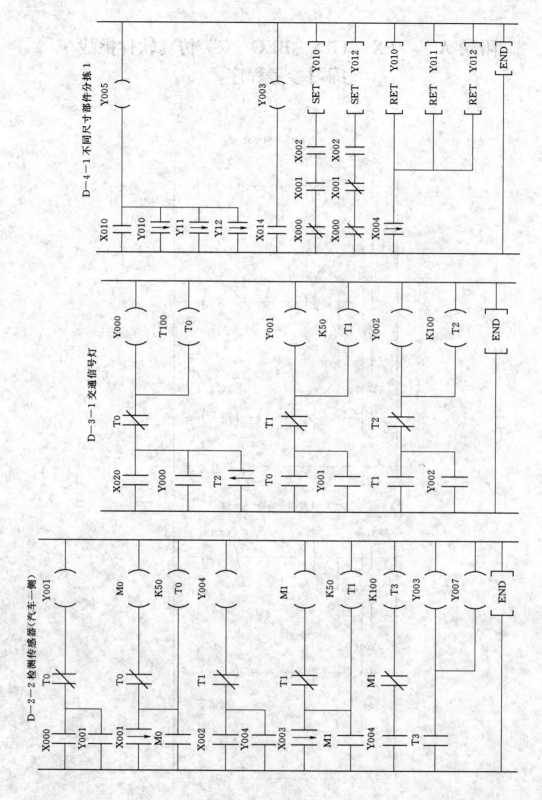

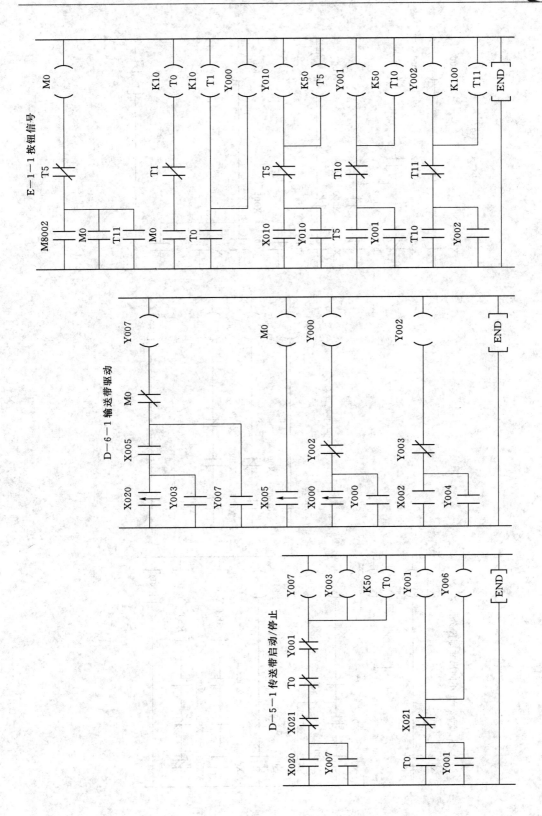

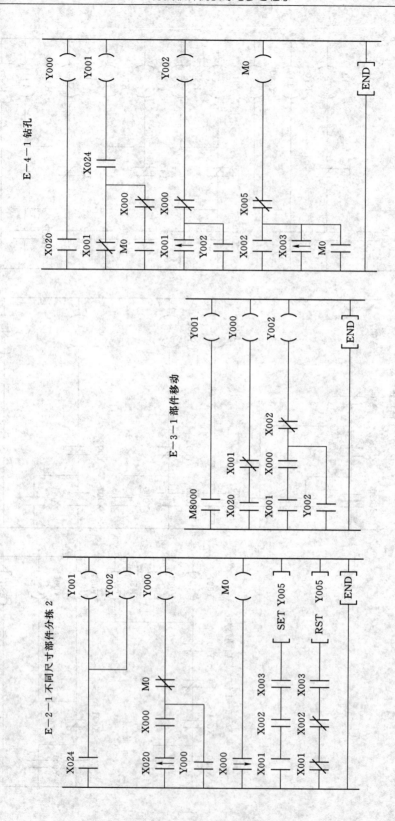

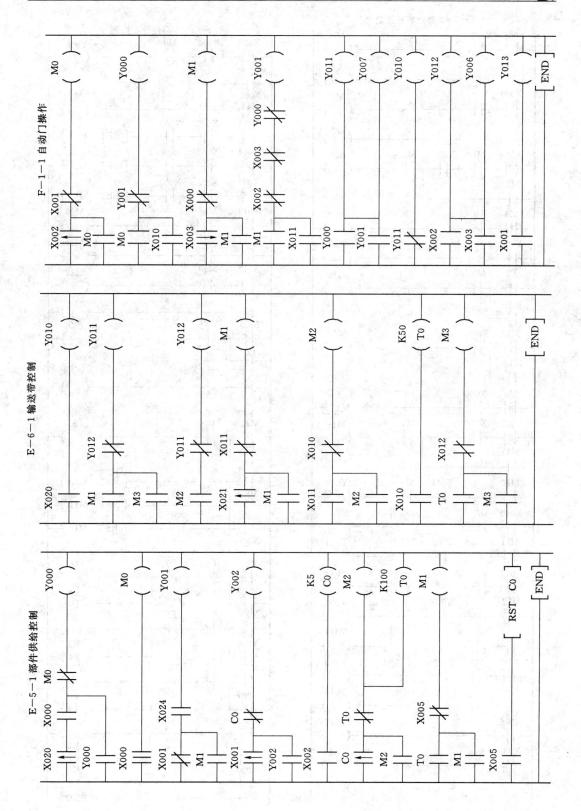

F-2-1 舞台装置控制

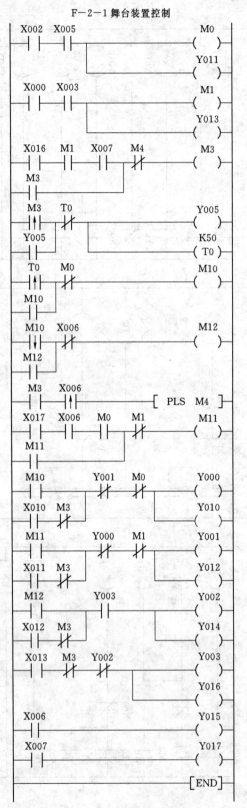

F-3-1 部件分配控制

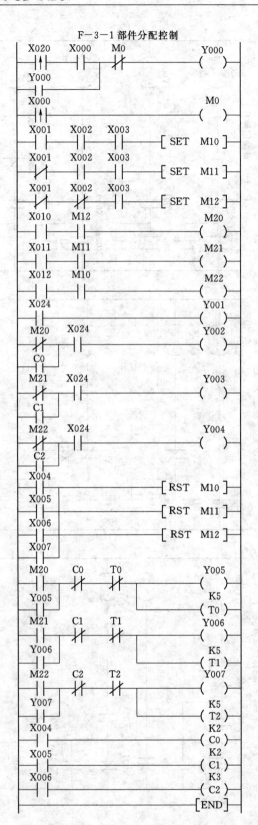

F—5—1 正反转控制

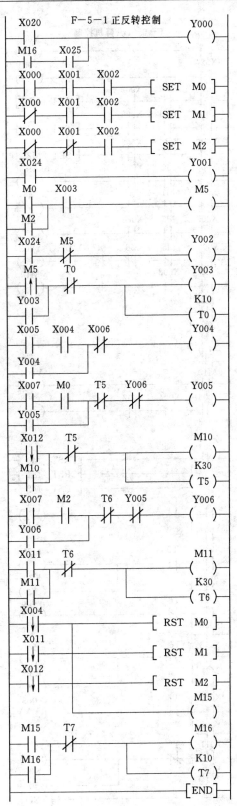

F—4—1 不良部件的分拣

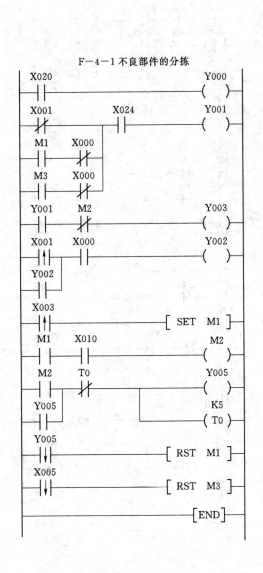

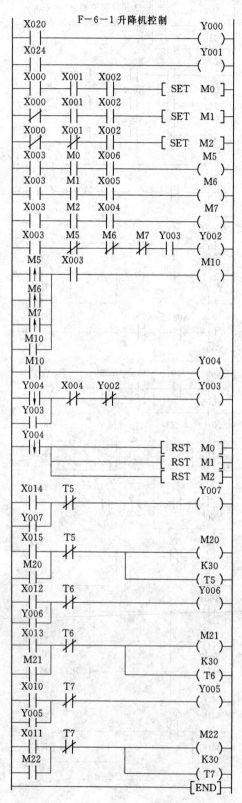

F-6-1 升降机控制

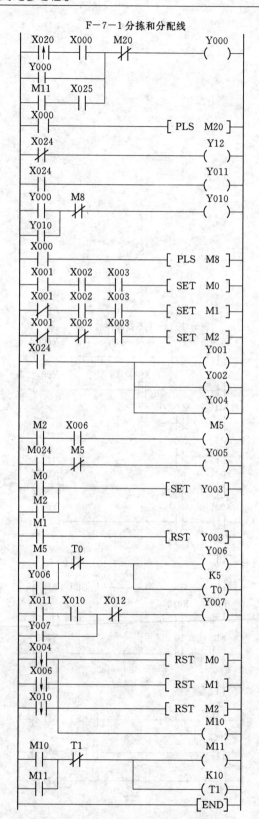

F-7-1 分拣和分配线

附录 B　FX2N 系列 PLC 特殊继电器一览表

分类	代号	名　称	功　能
PLC 状态	M8000	RUN 监视 a 触点	OFF：停止；ON：运行
	M8001	RUN 监视 b 触点	OFF：运行；ON：停止
	M8002	初始化脉冲 a 触点	OFF：停止；ON：运行
	M8003	初始化脉冲 b 触点	OFF：运行；ON：停止
	M8004	错误发生	OFF：无错误；ON：错误发生时
	M8005	电池电压降低	OFF：正常；ON：电池电压降低
	M8006	电池电压降低锁存	OFF：正常；ON：电池电压降低。当电池电压异常降低时动作
	M8007	瞬时停止检测	OFF：正常；ON：瞬时停止检测。若 M8007 为 ON 的时间小于 D8008，PLC 将继续运行
	M8008	停电检测	OFF：正常；ON：停电检测。当 M8008 电源关闭时，M8000 也关闭
	M8009	DC24V 故障	OFF：正常；ON：DC24V 故障。在增设模块，增设块的哪一个 DC24V 故障时动作
时钟脉冲	M8011	10ms 时钟脉冲	以 10ms 为周期振荡
	M8012	100ms 时钟脉冲	以 100ms 为周期振荡
	M8013	1s 时钟脉冲	以 1s 为周期振荡
	M8014	1min 时钟脉冲	以 1min 为周期振荡
	M8015	内存实时脉冲	OFF：计时；ON：计时停止。计时停止以及预先装置
	M8016	内存实时脉冲	OFF：显示；ON：显示停止。时刻读出显示的停止
	M8017	内存实时脉冲	OFF：未补正；ON：补正。±30s 补正
	M8018	内存实时脉冲	OFF：未安装；ON：安装。安装检测

分类	代号	名　称	功　能
时钟脉冲	M8019	内存实时脉冲	OFF：无错误；ON：在错误内存实时脉冲（RTC）错误
标志	M8020	零位标志	OFF：加减演算结果非 0；ON：加减演算结果是 0
	M8021	借位标志	ON：演算结果成为最大的负数值以下时
	M8022	进位标志	ON：进位发生在 ADD（FNC20）指令期间或当数据移位操作的结果发生溢出时
	M8025	HSC 模式	OFF：常规模式；ON：外部复位模式。 在 M8025 驱动后，如使用 FNC53～55，由于外部复位端子高速计算器（C241）的当前值被删除时指令被再执行，不需要计数输入，直接输出比较结果
	M8026	RAMP 模式	RAMP 指令的输出的模式切换
	M8027	PR 模式	OFF：8 位串行口输出；ON：1～16 位串行口输出
	M8028	FROM/TO 指令执行中断许可	OFF：FROM/TO 指令执行中断禁止；ON：FROM/TO 指令执行中断许可。 （1）M8028＝OFF：FROM/TO 指令执行中成为自动的中断禁止状态，输入中断或时间中断不能被执行。这期间发生的中断在 FROM/TO 指令的执行完成后被立刻执行。FROM/TO 指令可以在中断程序中使用。 （2）M8028＝ON：FROM/TO 指令执行中发生中断的话，执行中断后中断程序被执行。但是中断程序中不能使用 FROM/TO 指令
	M8029	指令执行结束	OFF：指令执行中；ON：指令结束。 DSW（FNC72）等的动作结束时动作
PLC 模式	M8030	电池 LED 消灯指令	OFF：电池 LED 点灯；ON：电池 LED 未点灯。 （1）当驱动 M8030 时就算电池电压降低，PLC 面板的 LED 也不会点灯。 （2）END 指令执行时处理
	M8031	非锁存内存全部清除	OFF：内存全部清除未动作；ON：内存全部清除动作。 （1）当 M 被驱动时，Y、M、S、T、C 的 ON/OFF 的图像存储或 T、C、D、R 的当前值被删除为零。特 D，程序存储器内的文件继电器（D），存储盒内的 ER 不被删除。 （2）END 指令执行时处理
	M8032	锁存内存全部消除	

续表

分类	代号	名　称	功　能
PLC 模式	M8033	内存保持停止	OFF：内存未保持；ON：内存保持。 当 PLC 从 RUN 状态变换至 STOP 状态时，图像存储或数据存储的内容保持原来状态
	M8034	所有输出禁止	OFF：常规输出；ON：所有输出禁止。 (1) 用于激活输出的所有物理开关设备被禁止。 (2) END 指令执行时处理
	M8035	强制 RUN 模式	OFF：常规模式；ON：强制 RUN 模式。 (1) 在 RUN、STOP 各按钮开关里若进行序列器的 RUN/STOP 时，这个继电器为 ON。 (2) RUN→STOP 时删除
	M8036	强制 RUN 指令	ON：强制 RUN 指令。 解释同 M8035
	M8037	强制 STOP 指令	ON：强制 STOP 指令。 解释同 M8035
	M8038	参数设置	ON：通信参数被设定。 (1) 通信参数设置标志（简易 PLC 间链接设置用）。 (2) FX2N 对应 Ver 2.00 以上
	M8039	恒定扫描模式	OFF：常规扫描模式；ON：恒定扫描模式。 M8039 ON 时 PLC 等到在 D8039 里被指定的扫描时间为止，进行循环操作
步骤梯形图	M8040	STL 传送禁止	OFF：正常传送；ON：传送禁止。 M8040 驱动时状态间的传送被禁止
	M8041	传送开始	OFF：正常传送；ON：传送开始。 (1) 自动操作中，可以从初始状态的传送。 (2) RUN→STOP 时删除
	M8042	开始脉冲	ON：关于开始输入的脉冲化。 关于开始输入的脉冲输出
	M8043	零点回归完成	OFF：RUN；ON：零点回归完成。 (1) 用零点回归模式的结束状态允许动作。 (2) RUN→STOP 时删除

续表

分类	代号	名　　称	功　　能
步骤 梯形图	M8044	原点条件	ON：机械原点检测时。 (1) 机械原点检测时让动作。 (2) RUN→STOP 时删除
	M8045	所有输出复位禁止	ON：所有输出复位禁止。 模式切换时不让进行所有输出的复位
	M8046	STL 状态动作	OFF：STL 状态非动作；ON：STL 状态为动作。 (1) M8047 动作中时 S0～S899 其中一个 ON 时动作。 (2) END 指令执行时处理
	M8047	STL 监视有效	OFF：STL 监视无效；ON：STL 监视有效。 (1) 驱动该继电器 D8040～D8047 为有效。 (2) END 指令执行时处理
	M8048	报警器 ON	OFF：报警器无效；ON：报警器有效。 (1) M8049 动作中时 S900～S999 的一个 ON 时动作。 (2) END 指令执行中处理
	M8049	允许报警器监视	OFF：禁止报警器监视 ON：允许报警器监视。 (1) 驱动了这个特 M 时 D8049 的动作有效。 (2) END 指令执行时处理
中断禁止	M8050	I00×禁止	OFF：I00×解除；ON：I00×禁止。 (1) 输入中断禁止。 (2) FNC04 (EI) 指令执行后，就算中断被允许，这个继电器关于在动作的输入中断或时间中断号码里，个别中断动作被禁止。比如 M8050 在 ON 时中断 I00x 驱动了被禁止的继电器时，D8049 的动作有效
	M8051	I10×禁止	OFF：I10×解除；ON：I10×禁止。 解释同 M8050
	M8052	I20×禁止	OFF：I20×解除；ON：I20×禁止。 解释同 M8050

续表

分类	代号	名　称	功　　能
中断禁止	M8053	I30×禁止	OFF：I30×解除；ON：I30×禁止。 解释同 M8050
	M8054	I40×禁止	OFF：I40×解除；ON：I40×禁止。 解释同 M8050
	M8055	I50×禁止	OFF：I50×解除；ON：I50×禁止。 解释同 M8050
	M8056	I60×禁止	OFF：I60×解除；ON：I60×禁止。 解释同 M8050
	M8057	I70×禁止	OFF：I70×解除；ON：I70×禁止。 解释同 M8050
	M8058	I80×禁止	OFF：I80×解除；ON：I80×禁止。 解释同 M8050
	M8059	计数中断禁止	OFF：计数中断解除；ON：计数中断禁止。 I010～I060 中断被禁止
错误检测	M8060	I/O 配置错误	OFF：无错误；ON：I/O 配置错误。 如果 M8060～M8067 其中之一为 ON，最低位的数字被存入 D8004 并且 M8004 被设置为 ON
	M8061	PLC 硬件错误	
	M8062	PLC/PP 通信错误	
	M8063	串行口通信错误	OFF：无错误；ON：错误。 （1）若 M8060～M8067 其中之一为 ON，最低位的数字被存入 D8004 且 M8004 被设置为 ON。 （2）序列器的 STOP→RUN 时被删除，但 M8068、D8068 不被删除
	M8064	参数错误	
	M8065	语法错误	
	M8066	回路错误	
	M8067	操作错误	
	M8068	操作错误锁存	OFF：无错误；ON：操作错误锁存
	M8069	I/O 总线检查	OFF：无 I/O 总线检查 ON：I/O 总线检查。 驱动这个继电器时，执行 I/O 总线检查。若发生错误，错误代码 6103 被写入且 M8061 被设置为 ON

续表

分类	代号	名　称	功　能
并行链接	M8070	并行链接主站	ON：并行链接中的主站。 (1) 驱动 M8070 将成为并行链接的主站。 (2) 序列器 STOP→RUN 是删除
	M8071	并行链接从站	ON：并行链接从站。 (1) 驱动 M8071 将成为并行链接的从站。 (2) 序列器 STOP→RUN 是删除
	M8072	并行链接运行中 ON	ON：并行链接运行中。 当 PLC 处在并行链接操作中时为 ON
	M8073	并行链接设置错误	ON：并行链接设置错误。 当 M8070/M8071 在并行链接中被错误设置时为 ON
采样跟踪	M8075	准备开始指令	ON：准备开始。 (1) M8075 为 ON 时在 D8080~D8089 里指令的设备的 ON/OFF 状态或数据内容按顺序取样检测后，把它储存到序列器内的特殊的存储领域里。 (2) 取样输入假如超过了 512 次的话，变为旧数据后，新数据按顺序被储存
	M8076	准备结束，执行开始指令	ON：准备结束，执行开始。 (1) M8076 为 ON 的话在 D8075 指定的取样回数的取样进行后，结束执行。 (2) 取样周期通过 D8076 的内容被决定
	M8077	执行中监视	ON：正在执行。 取样跟踪执行中 ON
	M8078	执行完成监视	ON：执行完成。 取样跟踪的执行完成后 ON
	M8079	跟踪次数 512 以上	ON：跟踪次数 512 以上。 跟踪次数 512 以上时 ON
高速环形计数器	M8099	高速循环计数器	OFF：循环计数器非动作；ON：循环计数器动作 M8099 动作后的 END 指令执行以后，高速循环计数器 D8099 动作

续表

分类	代号	名　称	功　能
存储信息	M8104	安装机能扩展存储器时 ON	ON：安装机能扩展存储器时。 FX2N（C）对应 Ver3.00 以上
输出刷新错误	M8109	输出刷新错误	OFF：无错误；ON：输出刷新错误
FNC80（RS） 计算机链接 ［Ch1］	M8121	FNC80（RS）送信待机标志	ON：送信待机中。 (1) RS232 送信待机中 ON。 (2) STOP→RUN 时删除
	M8122	FNC80 （RS）送信标志	OFF：未信中；ON：送信。 解释同 M8121
	M8123	FNC80 （RS）接收结束标志	OFF：接收未结束；ON：接收结束。 解释同 M8121
	M8124	FNC80 （RS）信号检测到标志	OFF：信号未检测到；ON：信号检测到。 RS232C 信号被检测到时 ON
	M8126	计算机链接［Ch1］全局 ON	ON：全局信号
	M8127	计算机链接［Ch1］根据需求送信中	根据需求交换用的控制信号
	M8128	计算机链接［Ch1］根据需求错误标志	OFF：无错误；ON：根据需求错误。 根据需求错误标志
	M8129	计算机链接［Ch1］根据需求字节/位切换 FNC80（RC）接收超时	(1) 在计算机链接时使用的场合。OFF：根据需求位；ON：根据需求字节。切换根据需求字/位。 (2) 在 FNC80 （RS）指令时使用的场合。ON：超时，超时判断标志用，因超时接收结束后 ON
高速计数器	M8130	FNC55（HSZ）指令对照表模式	ON：HSZ 指令对照表模式
	M8131	FNC5（HSZ）指令对照表模式结束标志	ON：HSZ 指令对照表模式结束
	M8132	FNC55（HSZ），FNC57（PLSY）指令速度模式频率	ON：HSZ、PLSY 指令速度模式频率

续表

分类	代号	名　称	功　能
高速计数器	M8133	FNC55(HSZ)，FNC57(PLSY) 指令速度模式频率执行结束标志	ON：HSZ、PLSY 指令速度模式频率执行结束
交换通信功能	M8154	FNC274（IVBWR）指令错误［Ch1］ FNC180（EXTR）每个指令都定义	OFF：无错误；ON：错误。 (1) 在 FX3UC 里，IVBWR 指令执行中，假如发生了通信错误时，加注失败的参数号码［Ch1］被 D8154 储存，M8154 被动作。STOP→RUN 时删除。 (2) 在 FX2N（C）里，被 EXTR 指令使用，还被每个 EXTR 指令定义。对应 Ver3.00 以上
	M8155	用 FNC180（EXTR）指令通信通道使用中	ON：通信通道使用中
	M8156	交换通信中［Ch2］FNC180（EXTR）指令通信错误/参数错误	用 FNC180（EXTR）指令通信/参数错误发生时使用。 OFF：无错误；ON：通信错误或参数错误。 对应 Ver3.00 以上
	M8157	交换通信错误［Ch2］FNC180（EXTR）指令通信错误锁存	用 FNC180（EXTR）指令发生的通信错误锁存。 OFF：无错误；ON：通信错误锁存。 STOP→RUN 时删除。对应 Ver3.00 以上
扩展功能	M8160	FNC17（XCH）的 SWAP 功能	OFF：功能无效；ON：功能有效。 FNC17(XCH) 的 SWAP 功能
	M8161	8 位处理模式	ON：8 位处理模式。 FNC76（ASC）、FNC80（RS）、FNC82（ASCI）、FNC83(HEX)、FNC84(CCD) 里适用
	M8162	高速并行链接模式	ON：高速并行链接模式
	M8164	FNC78（FROM），FNC79(TO) 指令转送点数可变模式	ON：FROM、TO 指令转送点数可变模式。 (1) M8060～M8067 中任一个 ON 时，最小的号码被 D8004 储存后 M8004 在动作。 (2) FX2N 对应 Ver2.00 以上
	M8165	FNC149（SOTR2）指令源顺序	OFF：升顺；ON：降顺。 用源 2 指令指定数据的排列方法是降顺还是升顺

续表

分类	代号	名　称	功　能
扩展功能	M8167	FNC71（HKY）指令 HEX 数据处理功能	ON：HKY 指令 HEX 数据处理功能有效
	M8168	FNC13（SMOV）指令 HEX 数据处理功能	ON：SMOV 指令 HEX 数据处理功能有效
脉冲插入	M8170	输入 X000 脉冲插入	ON：输入 X000 脉冲插入。 STOP→RUN 时删除。 FX2N(C)、FX3UC 系列：EI 指令必要
	M8171	输入 X001 脉冲插入	ON：输入 X001 脉冲插入。 解释同 M8170
	M8172	输入 X002 脉冲插入	ON：输入 X002 脉冲插入。 解释同 M8170
	M8173	输入 X003 脉冲插入	ON：输入 X003 脉冲插入。 解释同 M8170
	M8174	输入 X004 脉冲插入	ON：输入 X004 脉冲插入。 解释同 M8170
	M8175	输入 X005 脉冲插入	ON：输入 X005 脉冲插入。 解释同 M8170
简易 PLC 间链接	M8183～M8190(8 个)	数据传送顺序错误（依次对应主站及各从站 1、2、3、4、5、6、7 站）	OFF：无错误；ON：顺序错误。 (1) 数据传送顺序错误（主站及各从站）。 (2) 在 FX1S 系列里，使用 M504。 (3) 在 FX2N 系列里，对应 Ver. 2.00 以上
	M8191	数据传送顺序执行中	ON：执行中，数据传送顺序执行中 ON。 对应 Ver. 2.00 以上
加/减计数器方向	M8200～M8234(35 个)	C200～C234（共 46 个）加/减计数器方向	OFF：加模式；ON：减模式。 (1) 当 M8×××起作用时，相关的 C×××作为减计数器使用。 (2) 当 M8×××不起作用时，相关的 C×××作为加计数器使用
高速加/减计数器方向	M8235～M8245(11 个)	C235～C245（共 11 个）高速计数器方向	

分类	代号	名　称	功　能
高速加/减计数监视器	M8246～M8255(10 个)	C246～C255(共 10 个)高速计数监视器	OFF：加模式；ON：减模式。1 相 2 输入计数器，2 相 2 输入计数器的 C×××作为减计数器模式时，对应这个的 M8×××为 ON。加计数模式时 OFF

注　1. 理论上特殊辅助继电器从 M8000～M8255 有 256 个，实际上在编程中 FX2N 系列 PLC 能够使用的仅有 160 个。

2. 未加定义或未记入的特殊继电器和特殊寄存器是系统处理上制造者独占的领域，还有一些为其他 FX 系列使用。因此请不要在 FX2N 系列 PLC 程序内使用。

附录 C　FX2N 系列 PLC 功能指令一览表

分　类	FNC No.	指令助记符	功　能　说　明
程序流程	00	CJ	条件跳转
	01	CALL	子程序调用
	02	SRET	子程序返回
	03	IRET	中断返回
	04	EI	开中断
	05	DI	关中断
	06	FEND	主程序结束
	07	WDT	监视定时器刷新
	08	FOR	循环的起点与次数
	09	NEXT	循环的终点
传送与比较	10	CMP	比较
	11	ZCP	区间比较
	12	MOV	传送
	13	SMOV	移位传送
	14	CML	取反传送
	15	BMOV	成批传送
	16	FMOV	多点传送
	17	XCH	交换
	18	BCD	二进制转换成 BCD 码
	19	BIN	BCD 码转换成二进制
算术与逻辑运算	20	ADD	二进制加法运算
	21	SUB	二进制减法运算
	22	MUL	二进制乘法运算
	23	DIV	二进制除法运算
	24	INC	二进制加 1 运算
	25	DEC	二进制减 1 运算
	26	WAND	字逻辑与
	27	WOR	字逻辑或
	28	WXOR	字逻辑异或
	29	NEG	求二进制补码

续表

分　类	FNC No.	指令助记符	功　能　说　明
循环与移位	30	ROR	循环右移
	31	ROL	循环左移
	32	RCR	带进位右移
	33	RCL	带进位左移
	34	SFTR	位右移
	35	SFTL	位左移
	36	WSFR	字右移
	37	WSFL	字左移
	38	SFWR	FIFO（先入先出）写入
	39	SFRD	FIFO（先入先出）读出
数据处理	40	ZRST	区间复位
	41	DECO	解码
	42	ENCO	编码
	43	SUM	统计 ON 位数
	44	BON	查询位某状态（ON 位判断）
	45	MEAN	求平均值
	46	ANS	报警器置位
	47	ANR	报警器复位
	48	SQR	求 BIN 平方根
	49	FLT	整数与浮点数转换
高速处理	50	REF	I/O 刷新
	51	REFF	输入滤波时间调整
	52	MTR	矩阵输入
	53	HSCS	比较置位（高速计数用）
	54	HSCR	比较复位（高速计数用）
	55	HSZ	区间比较（高速计数用）
	56	SPD	脉冲密度
	57	PLSY	指定频率脉冲输出
	58	PWM	脉宽调制输出
	59	PLSR	带加减速脉冲输出
方便指令	60	IST	状态初始化
	61	SER	数据查找
	62	ABSD	凸轮控制（绝对值式）
	63	INCD	凸轮控制（增量方式）
	64	TTMR	示教定时器
	65	STMR	非凡定时器

续表

分　类	FNC No.	指令助记符	功　能　说　明
方便指令	66	ALT	交替输出
	67	RAMP	斜坡信号
	68	ROTC	旋转工作台控制
	69	SORT	列表数据排序
外部 I/O 设备	70	TKY	10 键输入
	71	HKY	16 键输入
	72	DSW	BCD 数字开关输入
	73	SEGD	七段码译码
	74	SEGL	七段码分时显示
	75	ARWS	方向开关
	76	ASC	ASCI 码转换
	77	PR	ASCI 码打印输出
	78	FROM	BFM 读出
	79	TO	BFM 写入
外围设置	80	RS	串行数据传送
	81	PRUN	八进制位传送（并行传送）
	82	ASCI	16 进制数转换成 ASCI 码
	83	HEX	ASCI 码转换成 16 进制数
	84	CCD	校验
	85	VRRD	电位器变量输入
	86	VRSC	模拟量开关设定（电位器变量整标）
	88	PID	PID 运算
浮点数运算	110	ECMP	二进制浮点数比较
	111	EZCP	二进制浮点数区间比较
	118	EBCD	二进制浮点数→十进制浮点数
	119	EBIN	十进制浮点数→二进制浮点数
	120	EADD	二进制浮点数加法
	121	EUSB	二进制浮点数减法
	122	EMUL	二进制浮点数乘法
	123	EDIV	二进制浮点数除法
	127	ESQR	二进制浮点数开平方
	129	INT	二进制浮点数→二进制整数
	130	SIN	二进制浮点数 sin 运算
	131	COS	二进制浮点数 cos 运算
	132	TAN	二进制浮点数 tan 运算
交换	147	SWAP	高低字节交换

续表

分　类	FNC No.	指令助记符	功　能　说　明
定位	155	ABS	当前值读取
	156	ZRN	原点回归（返回原点）
	157	PLSV	变速脉冲输出
	158	DRVI	相对位置控制（增量式单速位置控制）
	159	DRVA	绝对位置控制（绝对式单速位置控制）
时钟运算	160	TCMP	时钟数据比较
	161	TZCP	时钟数据区间比较
	162	TADD	时钟数据加法
	163	TSUB	时钟数据减法
	166	TRD	时钟数据读出
	167	TWR	时钟数据写入
	169	HOUR	计时仪（小时定时器）
格雷码变换	170	GRY	二进制数→格雷码
	171	GBIN	格雷码→二进制数
	176	RD3A	模拟量模块（FX0N－3A）读出
	177	WR3A	模拟量模块（FX0N－3A）写入
触点比较	224	LD＝	(S1)＝(S2) 时起始（运算开始）触点接通
	225	LD＞	(S1)＞(S2) 时起始（运算开始）触点接通
	226	LD＜	(S1)＜(S2) 时起始（运算开始）触点接通
	228	LD＜＞	(S1)＜＞(S2) 时起始（运算开始）触点接通
	229	LD≦	(S1)≦(S2) 时起始（运算开始）触点接通
	230	LD≧	(S1)≧(S2) 时起始（运算开始）触点接通
	232	AND＝	(S1)＝(S2) 时串联触点接通
	233	AND＞	(S1)＞(S2) 时串联触点接通
	234	AND＜	(S1)＜(S2) 时串联触点接通
	236	AND＜＞	(S1)＜＞(S2) 时串联触点接通
	237	AND≦	(S1)≦(S2) 时串联触点接通
	238	AND≧	(S1)≧(S2) 时串联触点接通
	240	OR＝	(S1)＝(S2) 时并联触点接通
	241	OR＞	(S1)＞(S2) 时并联触点接通
	242	OR＜	(S1)＜(S2) 时并联触点接通
	244	OR＜＞	(S1)＜＞(S2) 时并联触点接通
	245	OR≦	(S1)≦(S2) 时并联触点接通
	246	OR≧	(S1)≧(S2) 时并联触点接通

注　未加定义或未记入的特殊继电器和特殊寄存器是系统处理上制造者独占的领域，还有一些为其他 FX 系列使用。
　　因此请不要在 FX2N 系列 PLC 程序内使用。

参 考 文 献

[1] 周文煜. PLC 综合应用技术 ［M］. 北京：机械工业出版社，2015.

[2] 周惠文. 可编程控制器原理与应用 ［M］. 北京：电工工业出版社，2007.

[3] 张万忠. 可编程控制器应用技术 ［M］. 北京：化学工业出版社，2016.

[4] 王新宇. PLC 应用技术项目教程 ［M］. 北京：机械工业出版社，2009.

[5] 贺哲荣. 流行 PLC 实用程序及设计（三菱 FX2 系列）［M］. 西安：西安电子科技大学出版社，2006.

[6] 杨少光. 机电一体化设备组装与调试备赛指导 ［M］. 北京：高等教育出版社，2010.